畜禽寄生虫病
检验技术

项海涛　骆学农　温峰琴　编著

中国农业科学技术出版社

图书在版编目（CIP）数据

畜禽寄生虫病检验技术／项海涛，骆学农，温峰琴编著．—北京：中国农业科学技术出版社，2016.9

ISBN 978 – 7 – 5116 – 2749 – 0

Ⅰ.①畜…　Ⅱ.①项…②骆…③温…　Ⅲ.①畜禽－寄生虫病－医学检验　Ⅳ.①S855.9

中国版本图书馆 CIP 数据核字（2016）第 222115 号

责任编辑	闫庆健　杜　洪
责任校对	贾海霞

出 版 者	中国农业科学技术出版社
	北京市中关村南大街 12 号　邮编：100081
电　　话	（010）82106632（编辑室）　（010）82109702（发行部）
	（010）82109709（读者服务部）
传　　真	（010）82106625
网　　址	http://www.castp.cn
经 销 者	各地新华书店
印 刷 者	北京富泰印刷有限责任公司
开　　本	850mm×1 168mm　1/32
印　　张	6.625
字　　数	158 千字
版　　次	2016 年 9 月第 1 版　2016 年 9 月第 1 次印刷
定　　价	20.00 元

前　言

　　畜禽寄生虫病的诊断，包括临床症状观察、流行病学调查、病理学诊断和实验室检验。其中，实验室检验的工作范围包括：检定病原，即直接帮助确定寄生虫病诊断；疾病调查，即寄生虫病的来源、病原的性质、存在状态和发生过程。诊断时，一般应以临床症状、流行病学情况和病理变化为依据和线索，继而进行相应的其他各项实验室检验，综合分析判断得以确诊。

　　为此，工作对象不仅限于患病的动物，还包括没有临床症状而可能带虫的其他动物，以及一切可成为寄生虫发育过程中所必需的媒介或场所。

　　一般来说，畜禽寄生虫虽然大部分都寄生在动物肠道和血液内，但在其他脏器组织及体液，如胆管、淋巴管、肌肉、皮肤和腹腔积液等，也可能有寄生虫存在。

　　因此，寄生虫从动物体内的排出途径是不同的，如消化道、泌尿道、呼吸道以及皮肤黏膜等。由这些器官所排泄或分泌的物质，如粪、尿、血液、唾液以及各种创伤和炎症分泌物等，也就成了寄生虫病检验的对象；此外，还有采取活体组织作为检验样本的。

　　无论是寄生原虫、寄生蠕虫（包括吸虫、绦虫、线虫和棘头虫）、寄生节肢动物还是各种相关的生物体（蠕虫的成虫、幼虫和虫卵，原虫的各不同发育阶段的虫体），在形态上都有各不相同的特征，这些特征常被用来作为鉴别寄生虫类别的依据。

寄生虫的虫体大小不一，小的只有几微米（μm），大的体长可达几米（m），因而对于形态学的观察，在方法上完全不同。通常原虫类这些细小的单细胞寄生虫，必须通过显微镜检验来观察。蠕虫卵及部分微小的幼虫的检出和识别，同样需要用显微镜观察。蠕虫成虫的检查除少数需要用低倍显微镜才能识别外，其他多数蠕虫只要通过肉眼或者使用放大镜即可明确地加以识别。

本书主要提供畜禽寄生虫病原的分离、鉴定和保存的方法，强调可操作性，而病原有关的专业知识内容，特别是蠕虫病原的形态，未做详尽描述。

操作方法尽量要求详细，包括样品采集、保存和运输等。希望广大读者提出宝贵意见，帮助我们进一步将本书做成畜禽寄生虫病检验方面的一本有价值的参考书。

本书由项海涛（甘肃农业大学）、骆学农（中国农业科学院兰州兽医研究所）和温峰琴（甘肃农业大学）合作编写而成。书中插图由项海涛、朱国强、武宏斌手绘后编辑完成。

本书的出版得到了甘肃省财政厅高校基本科研业务费的资助和中国农业科学院兰州兽医研究所、家畜疫病病原生物学国家重点实验室、甘肃省动物寄生虫病重点实验室以及甘肃农业大学动物医学院的支持。

目　　录

第一章　畜禽蠕虫检验技术

畜禽蠕虫病的症状大多缺乏特异性，仅凭临诊症状很难对畜禽的寄生虫病做出确定的诊断。因此，在很大程度上需依赖于实验室检查，选择适合的畜禽寄生虫检查方法，对待检畜禽样品进行检验，并鉴定病原，能够帮助兽医做出正确的诊断。

畜禽蠕虫病的实验室检验技术，主要是采取感染动物的各种排泄物，如粪便、尿液、组织、血液等，在对其经过适当的处理后，将其中的寄生虫虫卵、幼虫和成虫（虫体节片）分离出来，方便兽医专业人员进行鉴定，以此诊断寄生虫病最为可靠。其中，粪便的检查是蠕虫病动物生前诊断的主要方法，在实际工作中有非常重要的意义。通过检查动物的粪便，可以确定是否感染寄生虫、寄生虫的种类及感染强度。

但应注意一点，畜禽寄生虫病的诊断，必须对畜禽的全身状况进行全面的综合分析和考虑。实验室检查时，虫卵等的发现，只能说明待检畜禽的体内有某种寄生虫的寄生，但它是否是待检畜禽疾病表现的主要原因，则需要对本病的流行病学、症状、病理等各方面做综合判断和分析。

第一节　虫卵检查方法

这一节主要介绍寄生虫虫卵的检查方法，即对畜禽的粪便进行虫卵检查。粪便虫卵检查法，主要用于寄生于消化道及其相连

1

器官如肝脏、胰脏等脏器的寄生虫感染；也适用于检查某些呼吸道寄生虫感染，因为此类寄生虫的虫卵（或幼虫）常经痰液咽下而随粪便排出。但是，如只有未成熟的寄生虫或雄性寄生虫单独存在，则不可能找到虫卵，或有时只能发现形态不正常的虫卵。

一、粪便的采集

准备作寄生虫学检查的粪便必须是新鲜的，并且要确定其是被检病畜禽的粪便。因此，应尽量从直肠采集粪便，除非碰到动物正在排粪，可以直接从地面采集样品。一般来说，对于大动物，则需用手从直肠采集粪便，操作相对简单；而对于小动物（如幼羔），可将浸湿的手指（戴手套且抹甘油）插入直肠，并轻轻按摩使其外括约肌松弛，以引起排粪和取样。

对于寄生虫感染的畜群而言，必须随机从多头动物采集样品。但是，在不能直接采到直肠样品的情况下，应从动物活动场所的地面现场采集粪便样品，并且应挑选新近排出的粪便，采集数份予以检查。

草食动物的粪便采集量必须多于肉食动物。采样时，为求具有代表性，必须同时采集粪便之内外各层样品，分别保存。

采集和运送粪便样品的简便方法，是利用一次性乳胶手套。将样品采集到手套的手心部分，然后将手套从里向外翻转过来，排出空气，将手套的腕部扎紧即可。准备送实验室检验的样品，最好使用带螺旋盖的广口容器盛装。如有可能，应将样品装满至瓶的顶部，以便尽量排出空气，减缓虫卵发育和孵化的速度。采集好粪便样品后，应立即在其容器或手套上注明动物名称、编号及采样时间，以免混淆。

采集的粪便样品应及时检查，切忌在室温下过夜，避免虫卵因发育而形态改变。如不能立即检查，应将粪便置于4℃冰箱内或5℃以下阴冷处保存。如需转寄外地检查，可在粪便内加入等量的5%～10%的福尔马林或石炭酸溶液，以阻止大多数蠕虫卵的发育或幼虫自卵内孵出。为了完全防止虫卵发育，可将加有5%福尔马林的粪便样品加热到50～60℃或将粪便固定在25%福尔马林溶液中，以使病原完全丧失活力。

二、粪便的初检

在采用各种镜检方法之前，必须观察粪便的颜色、稠度、气味、黏液多少、有无血液、饲料消化程度。应特别仔细观察有无成虫虫体、幼虫、绦虫的体节、蝇蛆等。

先检查粪便的表面，然后轻轻拨开粪便检查，以期发现大型虫体和较大节片。较小虫体或节片的检查，可将粪便置于较大的容器中（如金属桶或塑料桶），加入5～10倍体积的水，彻底搅拌后静置10min，然后倾去上层透明液体，重新加入清水搅拌，再静置，如此反复数次，直至上层液体透明为止。最后倾去上层透明液体，将少量沉淀物放在黑色背景下检查，必要时可用放大镜观察，发现虫体即用挑虫针或锥子挑出，以便进行鉴定。

在观察粪便时，除裂头属绦虫外，其他绦虫如牛羊莫尼茨属绦虫、犬复殖孔绦虫、鸡绦虫的节片，均可能在粪便表面见到，个别节片可见其缓慢蠕动。绦虫节片的颜色、形态和运动力等因绦虫的种类不同而异。

禽类具有泄殖腔，能排泄两种粪便，从小肠排出者是较粗糙、疏松，含有不同颜色的粪粒块；而从泄殖腔排出的呈细腻软胶状，颜色为均一的棕色或棕绿色。小肠内寄生虫的虫卵在两种粪便中都可以观察到，而泄殖腔内寄生虫的虫卵只能在泄殖腔粪便中检查到。

动物的粪便不正常时，也常怀疑患有寄生虫病，例如粪便混杂有黏液及血液时，此幼犬常被疑为钩虫病，而牛羊等则被怀疑为日本血吸虫病，如果绵羊的粪便附着有黏液时，常被怀疑有肠结节线虫病。

有时粪便的性状也可作为诊断某些寄生虫病的参考，如固形粪便、牛固形粪便、软便、下痢稀便等。例如4～5月龄的羔羊下痢的粪便的颜色若为暗绿色，一般为黑痢病，常常是毛圆线虫引起的。小猪下痢的粪便如为白色时，则有可能为粪杆线虫引起的猪白痢。

三、粪便的虫卵检查

蠕虫包括吸虫、绦虫、线虫和棘头虫。大部分蠕虫的卵是混在畜禽的粪便中排出的。由于寄生于畜群的线虫种类繁多，因而线虫在蠕虫中所占的比例最大，加之大部分线虫的发育过程较吸虫和绦虫要简单。因此，畜禽粪便中检出线虫卵的几率最高。下面介绍的一些检查方法很容易证实线虫卵的存在，当然也可用于检测其他蠕虫卵或球虫卵囊。以下每一类检查方法至少列出了一种具体操作法，以便检查人员可根据实验室的设备条件选择使用。

粪便中蠕虫卵的显微镜检查建议用40～60倍的放大率，最好是用10×物镜和6×的目镜组合，或4×物镜和10×目镜组合。很少需要更高的放大倍数。实际上，经验丰富的专业人员使用较低的（25倍左右）放大率，花费不多的时间就可查到虫卵。

（一）直接涂片法

直接涂片法不是检查所有寄生虫卵的有效方法，且往往不能检出轻度感染者，但因取样量少，操作简单、省时省力，在任何设备条件的实验室都可采用。所以常被用来检查虫卵较多的寄生虫（如蛔虫、捻转血矛线虫、毛圆线虫等），或被大量寄生虫寄生的小动物的粪便。

【操作步骤】

（1）将清洁的载玻片放置于衬有报纸的实验台上。

（2）滴1~3滴甘油水（甘油、蒸馏水等量）或蒸馏水于载玻片中间位置。

（3）由待检粪样的不同部位采取适量粪块与载玻片上的水滴混匀，如粪便较干燥则可继续滴加甘油水，然后小心除去粪渣。

（4）用小镊子或火柴棒，将粪液涂成略小于盖玻片的薄膜，薄膜厚度以能透视书报上的字迹为宜。

（5）加盖盖玻片后置于显微镜下检查，镜检时应使视野内光线稍暗，仔细检查盖玻片的覆盖区域。

这种方法简便易行，但在虫卵数量不多时检出率不高。一般要求一份样品制作检查3~5片，逐一进行镜检。此法虽可证实蠕虫卵的存在，但亦有不足之处。例如，仅在虫卵浓度高时有效；虫卵容易被碎屑遮盖，所以识别虫卵往往有困难。

（二）饱和盐水浮集法

此法是将虫卵漂浮在各种溶液表面，从而使虫卵与粪便碎渣有效分离的虫卵计数法。适用于比重较轻的线虫卵和球虫卵囊。

浮集法可使虫卵高度富集。除特殊需要外，该法不适宜采用比重过大的溶液。因溶液比重越大，浮起的粪渣量就越大，影响虫卵的检出效果。常用的试剂有饱和氯化钠、氯化钙、硅酸钠及硫酸锌等（表1-1）。

【操作步骤】

（1）取待检粪便5~10g，加入少量饱和氯化钠（盐水）溶液用玻璃棒搅拌成糊状。

（2）再添加饱和盐水至 100 ~ 200mL，彻底搅拌均匀，以孔径 0.450 ~ 0.300mm（40 ~ 60 目，换算方法可参照附录Ⅰ）铜丝网筛滤去粪渣。

（3）将粪液分装于试管或小瓶内，使液面稍凸出于管口，静置 5 ~ 10min 后用载玻片接触液面，静置 20 ~ 30min。

（4）将载玻片翻转使粪液朝上加上盖玻片镜检。

表 1 - 1　寄生虫卵的比重与漂浮液的比重

寄生虫卵的比重		漂浮液的比重	
虫卵的种类	比重	漂浮液的种类	比重
猪蛔虫卵（有蛋白外壳）	1.145	饱和氯化钠	1.170 ~ 1.200
猪蛔虫卵（无蛋白外壳）	1.085 ~ 1.145	硫酸锌	1.180
钩虫卵	1.085 ~ 1.090	饱和氯化钙	1.050 ~ 1.250
毛圆线虫卵	1.115 ~ 1.130	甘油	1.226
肝片形吸虫卵	1.200	硅酸钠	1.280 ~ 1.300
华支睾吸虫卵	1.170 ~ 1.190	次亚硫酸钠	1.370 ~ 1.390
歧腔吸虫卵	1.200	饱和硫酸镁	1.290
横川吸虫卵	1.190	饱和硝酸钠	1.200 ~ 1.400

注：漂浮液需要保存在不低于 13℃ 的条件下，否则溶液的比重会降低

饱和氯化钠漂浮法能使姜片吸虫卵、棘口吸虫卵及裂头绦虫卵破裂而下沉到管底，还会使日本血吸虫卵收缩而变形，以至不能鉴别。而肝片形吸虫卵、横川吸虫卵、华支睾吸虫卵等的比重大，很难浮上来，则可使用氯化钙或硅酸钠等比重较大的漂浮液。

（三）离心漂浮法

此法是先用离心法使虫卵及比虫卵重的杂质沉下去，再用漂浮法使虫卵浮起来，可以获得更大的准确性，对于检查草食动物粪便虫卵有良好的效果。

【操作步骤】

（1）取待检粪便 5～10g 加入 10 倍体积的水。

（2）用玻璃棒搅拌成悬浊液，用孔径 0.450～0.300mm 的铜丝网筛滤去大的粪渣。

（3）将粪液分装于试管内，离心沉淀后倾去上清液，留沉渣加水重新悬浮，如此反复数次，至上清液清亮为止。

（4）倾去清亮上清液，加比重 1.050 的氯化钙溶液，重新悬浮沉渣。

（5）再离心沉淀，倾去上层浑浊液体，留沉渣。

（6）加入比重 1.250 的氯化钙溶液，振摇悬浮后，将试管垂直放置于试管架。

（7）将试管内液体添加至液面稍凸出于管口，3～5min 后用盖玻片接触液面，静置 10～15min。

（8）轻柔揭取盖玻片，置于载玻片上，镜检。

注：不同比重氯化钙溶液的配制如表 1-2。

表 1-2　不同比重氯化钙溶液配制法

氯化钙溶液比重	水	氯化钙
1.050	100mL	8.5g
1.250	100mL	44g

（四）水洗沉淀法

虫卵较水重，可自然下沉，但须较长时间。本法主要用于检查大动物粪便中的虫卵，例如比重较大的吸虫卵和棘头虫卵。

【操作步骤】

（1）从待检粪便的不同部位采取粪块（取粪量随检查目的而定，可取 10g 或全量），放入烧杯或其他容器内，加入少量水，捣成糊状。

（2）再加较多量水充分搅拌，通过两层纱布或孔径 0.450 ～ 0.300mm 的铜丝网筛滤到另一容器内。

（3）加满水，静置 20 ～ 30min，再倒去上清液；如实验室内有离心机，可采用离心沉淀代替静置操作，1000 ～ 1 500r/min 离心 1 ～ 2min 即可，以节省时间。

（4）如此反复数次，直到上清液透明无色为止。

（5）最后一次倒去上清液只留沉渣，用吸管吸取沉渣，滴一滴在载玻片上，加盖玻片镜检。

（五）尼龙筛兜集卵法

此法一般适用于中等大小虫卵（宽度在 60μm 以上）和大型虫卵，如日本血吸虫卵、肝片形吸虫卵等均可用此法检查。

【操作步骤】

（1）取粪便 5 ～ 10g，放入烧杯或其他替代容器内，加少量水，捣成糊状。

（2）再加较多量水充分搅拌，通过两层纱布或孔径 0.450 ～ 0.300mm 的铜丝网筛滤至另一容器内。

（3）滤液再通过孔径 0.057mm（260 目，可参照附录Ⅰ）的尼龙筛兜过滤，粪渣继续在其内冲洗，直到洗出的液体清亮透明为止。

（4）取一载玻片，滴加 50% 甘油水，挑取筛兜内粪渣与之混匀，覆盖玻片后在镜下检查。

通过上述处理，粗大粪渣被铜丝网筛截留，纤细粪纤维和粪内可溶性色素等透过上述的尼龙筛兜被洗脱，而残留的部分便是富集起来的寄生虫虫卵，从而提高了检出率、节省了操作时间。

（六）肛周虫卵检查法

适用于马蛲虫（马尖尾线虫）、绵羊或山羊斯科里亚宾线虫等在肛门周围产卵的寄生虫的虫卵检查。此法也可用于带绦虫虫卵检查，因在肛门附近常发现其虫卵。

【操作步骤】

（1）先将棉签浸泡在生理盐水中，取出时挤去过多的盐水，在病畜肛门周围及会阴部皮肤上反复擦拭。

（2）将上述棉签放入盛有饱和氯化钠溶液的试管中，用力搅动，迅速提起棉签，在试管内壁挤干盐水后弃去。

（3）加饱和盐水至管口处，覆盖一盖玻片（使其接触液面），静置 5min。

（4）取下盖玻片，置于载玻片上镜检。

与上述方法不同的另一简单处理方法是用长约 6cm，宽约 2cm 的透明胶纸粘擦肛门周围的皮肤，取下胶纸，将有胶面一面平贴于载玻片上，即可镜检。

（七）血吸虫卵活组织检查法

本法是根据血吸虫卵沉积于机体组织内的特点，直接从直肠病变部位采取活体组织进行镜检。特别对慢性血吸虫病的病牛，当粪便孵化法难以检出时，本法具有较好的检出效果。

【操作步骤】

（1）清洁开膣器，表面涂以液体石蜡或肥皂水。

（2）采样人员站于牛正后方，右手持开膣器，左手握牛尾巴，将开膣器自肛门插入约 20～30cm，将直肠扩开，用头灯照明，观察病变（充血或结节）部位。

（3）以长柄锐匙自病灶部位刮取直肠黏膜，刮取时不可用力过大，以刚能刮下黏膜为宜。

（4）自直肠取出开腔器，不要合拢，以免损伤肠壁。

（5）用眼科弯刃镊子挑选刮下的黏膜，平置于洁净的载玻片上，再取另一洁净载玻片压于黏膜上，略施压力，使肠黏膜展平。

（6）用窄胶布缠紧载玻片两端后，于60～100倍镜下观察。

（八）尿液内虫卵检查

泌尿系统的寄生虫包括猪肾虫、肾膨结肠虫及膀胱毛细线虫等，其虫卵由尿液排出。因此，收集尿液进行检查即可做出诊断。

【操作步骤】

（1）用玻璃器皿（或玻璃罐头瓶）接取病畜尿液（早晨第一次排出的尿液，尤其是最后部分的尿液中虫卵最多）。

（2）自然沉淀20～30min或离心沉淀2～3min后，倒掉上层尿液。

（3）吸取沉淀物作压滴标本，置于低倍显微镜下检查。或在容器底部衬以黑色背景，肉眼可见容器底部有白色虫卵颗粒。

无论采用上述哪一种检查方法，虫卵的鉴别都要注意以下3点。

（1）确定虫卵种类时必须考虑各种虫卵所有的主要特征。

①一定的大小；②比较规则的形态特征；③明显的卵壳；④特有的内容物。

（2）显微镜检查时，应注意将虫卵与各种植物细胞、空气泡、花粉颗粒、油滴、酵母颗粒（图1-1和图1-2）等相区别。对于无色壳薄的虫卵（如毛圆属线虫卵、钩虫卵等），检查时视野应调暗，因视野太亮易被漏检。

（3）显微镜检查的标本应加盖玻片，不但易于发现虫卵，

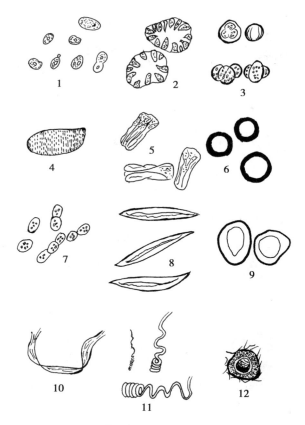

图1-1　畜禽粪便内常见的似虫卵物（一）

1. 酵母；2. 植物细胞；3. 花粉粒；4. 未消化的肌纤维；

5. 植物栅状细胞；6. 油滴；7. 细菌；8. 植物韧皮纤维；

9. 植物细胞；10. 棉花纤维；11. 植物导管构造；12. 植物表皮腺细胞

也便于鉴别虫卵形态。标本要尽量检查完整，即使在第一个视野中就发现虫卵，但仍应按顺序检查完整个标本片，因为在一个标

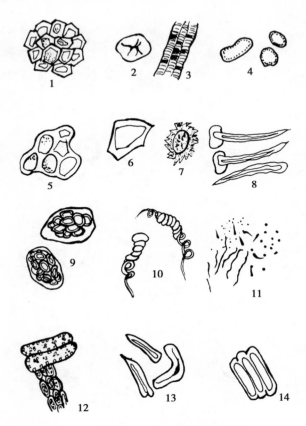

图1-2　畜禽粪便内常见的似虫卵物（二）

1. 植物细胞；2. 肥皂结晶；3. 肌纤维；4. 球囊菌；5. 植物细胞；

6. 植物细胞；7. 黑穗维菌细胞；8. 植物颖毛；9. 马铃薯实质细胞；

10. 植物纤维；11. 细菌；12. 植物表皮细胞；

13. 植物毛；14. 植物细胞

本中可发现数种虫卵。

各种蠕虫卵的形态特点如下。

①线虫卵的形态特征：光学显微镜下可见卵壳由两层组成，壳内有卵细胞。有的线虫卵排到外界时，其内已含有幼虫。各种线虫卵的大小和形态不同，常呈椭圆、卵圆或近圆形；卵壳表面多数光滑，有的凸凹不平，色泽可从无色到黑褐色。不同线虫卵卵壳的厚薄不同。蛔虫卵卵壳最厚，其余多较薄。

如图 1－3、图 1－4、图 1－5、图 1－6、图 1－7 和图 1－8 所示。

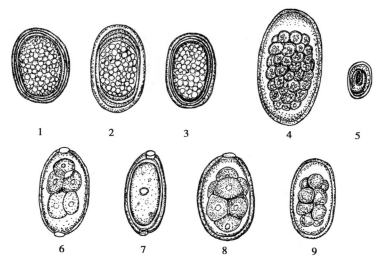

图 1－3　禽类线虫卵（一）

1. 鸡异刺线虫；2. 鸡蛔虫；3. 异形同刺线虫；4. 鹅裂口线虫；5. 棘结线虫；
6. 气管比翼线虫；7. 环首毛细线虫；8. 波杯口线虫；9. 纤细毛圆线虫

②吸虫卵的形态特征：多数呈卵圆或椭圆形。卵壳由数层膜组成，比较厚而坚实。大部分吸虫卵的一端有卵盖；有的吸虫卵

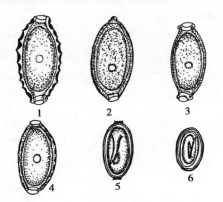

图1-4 禽类线虫卵（二）

1. 鸭毛细线虫；2. 捻转毛细线虫；3. 平尾毛细线虫；

4. 鸽毛细线虫；5. 裂刺四分线虫；6. 厚尾扭头线虫

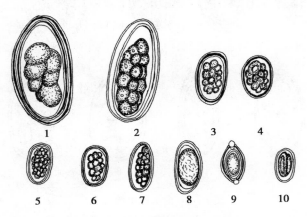

图1-5 羊线虫卵

1. 细颈线虫；2. 马歇尔线虫；3. 夏伯特线虫；4. 食道口线虫；

5. 古巴线虫；6. 奥斯特线虫；7. 毛圆线虫；8. 毛圆线虫（卵内融合）；

9. 毛首线虫；10. 乳突状似圆线虫

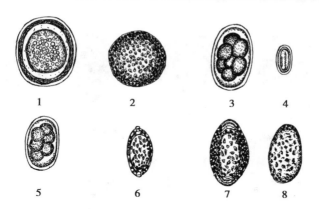

图 1-6 肉食兽线虫卵（一）

1. 狮小弓首蛔虫（狮蛔虫）；2. 犬弓首蛔虫；3. 狐板口线虫；
4. 狼旋尾线虫；5. 犬钩口线虫；6. 肺毛细线虫；
7. *Soboliphyme baturini*；8. 肾彭结线虫

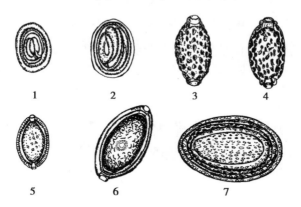

图 1-7 肉食兽线虫卵（二）

1. 泡翼线虫；2. 相近奇口线虫；3. 肺毛细线虫；4. 狐狸膀胱毛细线虫；
5. 肝毛细线虫；6. 狐毛首线虫；7. 猪巨吻棘头虫

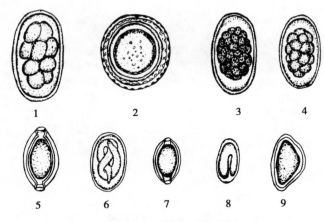

图1-8　　反刍兽线虫卵

1. 牛捻转血矛线虫；2. 牛新蛔虫；3. 捻转血矛线虫；

4. 羊仰口线虫；5. 绵羊毛首线虫；6. 美丽筒线虫；

7. 牛毛细线虫；8. 乳突类圆线虫；9. 绵羊斯克里亚平肺线虫

卵壳表面光滑，有的有一些突出物（如结节、小刺、丝等）。新排出的吸虫卵一般含有较多的卵黄细胞及其所包围的胚细胞，一部分则含有成形的毛蚴。吸虫卵常呈黄色、黄褐色或灰色，内容物填充较满。

如图1-9、图1-10所示。

③绦虫卵的形态特征：圆叶目绦虫卵呈圆形、方形或三角形。虫卵中央有一椭圆形具有三对胚钩的六钩蚴（胚胎），被包于内胚膜内；内胚膜外是外胚膜，内外胚膜呈分离状态，中间含有或多或少的液体，并有颗粒状内含物。有的绦虫卵内胚膜上形成突起，称之为梨形器（灯泡样结构）。各种绦虫卵卵壳的厚度和结构有所不同。绦虫卵大多数呈无色或灰色，少数呈黄色、黄褐色。假叶目绦虫卵非常近似于吸虫。

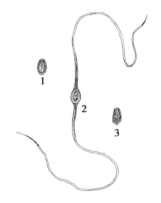

图 1 - 9　禽类吸虫卵

1. 凹形隐叶吸虫；2. 细背孔吸虫；3. 卵圆前殖吸虫

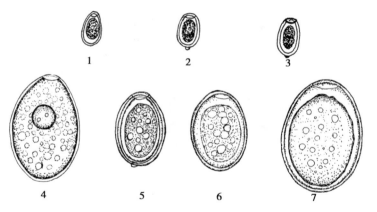

图 1 - 10　肉食兽吸虫卵

1. 猫后睾吸虫；2. 白次睾吸虫；3. 横川后殖吸虫；4. 有翼翼状吸虫；

5. 卫氏并殖吸虫；6. 叶形棘隙吸虫；7. 獾真缘吸虫

如图 1 - 11 所示。

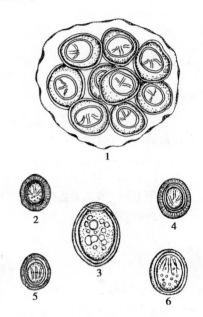

图 1 - 11 肉食兽绦虫卵

1. 犬复孔绦虫；2. 细粒棘球绦虫；3. 阔节裂头绦虫；
4. 豆状带绦虫；5. 泡状带绦虫；6. 线状中殖孔绦虫

四、粪便中虫卵的计数

在动物粪便中观察到虫卵即可说明其体内有寄生虫感染。而通过对已知有感染史的动物进行粪便虫卵计数或比较分析，可以粗略估算动物体内寄生虫的感染强度和判断相应药物的驱虫效果。因此，粪便虫卵计数在寄生虫病流行病学调查、季节动态分析以及综合防控中具有重要的意义（图 1 - 12）。

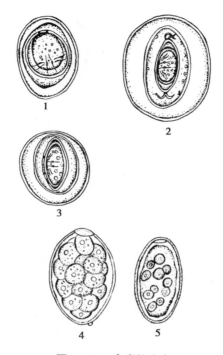

图 1 – 12 禽类蠕虫卵

1. 有轮赖利绦虫；2. 矛形剑带绦虫；3. 冠状膜壳绦虫；
4. 卷棘口吸虫；5. 舟形嗜气管吸虫

粪便虫卵计数有助于寄生虫病的诊断，但对结果的解释要慎重。虽然粪便中存在大量虫卵或幼虫有助于证实诊断，但没有或仅有少量虫卵或幼虫，并不一定说明这一动物不患有蠕虫病（图 1 – 13）。

对于每天产卵数目比较稳定的寄生虫，例如蛔虫、鞭虫、钩虫、毛圆线虫和部分吸虫，通过虫卵计数法获得的粪便中所含的

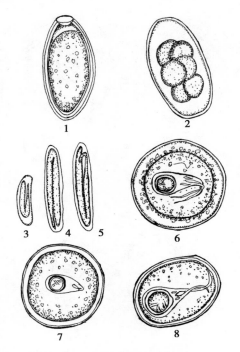

图 1 – 13　马属动物蠕虫卵（一）

1. 马尖尾线虫（马蛲虫）；2. 马圆形线虫；3. 大口德拉希线虫；

4. 蝇柔线虫；5. 小口柔线虫；6. 叶状裸头绦虫；

7. 大裸头绦虫；8. 侏儒副裸头绦虫

虫卵数，可以大概推测畜禽的感染强度，从而确定是否有必要进行药物驱虫；但对大部分绦虫则不适用。因为它们的卵不是单个产出的，往往是随节片排出，而孕卵节片破裂时会在短时间内释放出大量的虫卵（图 1 – 14）。

　　虫卵计数用于了解动物感染寄生虫病的程度和驱虫治疗的效果判定，其结果常以每克粪便中所含有的虫卵数（即 EPG）来

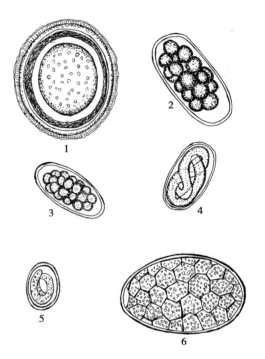

图 1 – 14 马属动物蠕虫卵 (二)

1. 马副蛔虫；2. 细颈三齿线虫；3. 毛线线虫；4. 安氏网尾线虫；

5. 韦氏类圆线虫；6. 埃及腹盘吸虫

表示，可作为诊断寄生虫病的参考。对同一患病动物的粪便进行多次检查时，操作程序必须一致，以便得出相对的正确结果。

在马属动物中，当虫卵数（EPG）达到 500 时为轻度感染；800 ~ 1 000时为中度感染；1 500 ~ 2 000时为重度感染。

在羔羊还应考虑感染线虫的种类，一般 EPG 达到 2 000 ~ 6 000时应认为是重度感染；EPG 达到 1 000时，即认为应予驱虫。

对牛而言，EPG 在 300～600 时，即应驱虫。

对于肝片吸虫卵而言，牛 EPG 为 100～200 时，羊 EPG 达到 300～600 时即应考虑其致病性。

当然，EPG 还可用于判定驱虫效果。

在驱虫前和驱虫后要多次采粪，计算 EPG，进而得出相对的驱虫效果，可参照下列公式计算。

相对驱虫率（%）=〔（驱虫前 EPG－驱虫后 EPG）÷ 驱虫前 EPG〕×100

粪便虫卵的数量每天会出现相当有规律的波动，而且虫卵在粪便中分布不均匀等，这些因素都会影响粪便虫卵计数的结果。因此，应对每天同一时间点或时间段采集的样品进行比较计数。需要精确测量粪便虫卵排出量时，应收集 24h 内排泄的所有粪便，并称重，测定出每一天的虫卵总排出量（表 1－3）。

表 1－3　常见的动物体内寄生虫每天的产卵量

寄生虫种类	平均 24h 产卵量（个）
猪蛔虫	200 000～270 000
鞭虫	2 000
钩虫	10 000～20 000
姜片吸虫	21 000～28 000
华支睾吸虫	2 400
日本血吸虫	50～300

常用的粪便中虫卵的计数方法如下。

（一）斯陶耳法

这是便于识别虫卵，并可对粪便中的虫卵数量进行定量的一种简单稀释操作法，可对吸虫卵、线虫卵、棘头虫卵和球虫的卵囊进行计数。由于应用这种方法实际上只检查 0.01g 粪便，因此不适用于虫卵数 EPG 小于 200 的粪便计数。

【操作步骤】

（1）将 56mL 的 0.4% 氢氧化钠溶液加入到锥形瓶（有 56mL 和 60mL 两个刻度）中。

（2）用天平称取 4g 粪便，置于锥形瓶内，使液面上升至 60mL 处。

（3）往瓶内加 40 ~ 50 个玻璃球，盖上瓶塞后轻轻摇动，直至所有的粪便全部破碎。

（4）将混合物通过孔径 0.150mm（100 目，可参照附录Ⅰ）的金属网筛过滤，滤过液接于另一洁净容器，弃去筛子上剩留的碎屑。

（5）取 3 张载玻片，用蜡笔在其上按实验室所用盖玻片大小划一方框来控制液体外流。蜡笔的画痕可以阻挡液体向四周散布，从而将其限制在盖玻片的范围之内。

（6）充分摇动粪便滤液，并用刻度移液管准确吸取 0.15mL，滴在上述 3 张载玻片的方框内，分别盖上 22mm × 22mm 的盖玻片，置显微镜下计数。

（7）将 0.15mL 稀释粪便中存在的虫卵总数乘以 100，即可得出每克原粪便样品中的虫卵数。

（二）麦克马斯特法

此方法一般用于线虫卵及球虫卵囊的计数。

【操作步骤】

（1）将大约 45 个玻璃球放入锥形瓶中，加入 42mL 饱和氯化钠溶液。

（2）用天平称取 3g 粪便放入锥形瓶中，盖上瓶塞。

（3）摇动锥形瓶，直至所有的粪便全部破碎散开为止。

（4）将混悬液通过孔径 0.150mm（100 目，可参照附录Ⅰ）的金属网筛过滤，将滤过液接于另一容器内，弃去筛网上的碎屑。

（5）充分搅拌粪便滤液，用巴斯德吸管吸取足量滤液，小心地滴入一个计数室中，再一次搅动后，吸取第二份样品，滴入另一计数室中。

（6）将计数板置于显微镜载物台上静置 1min，计数两个不相连的格子中的所有虫卵。

由于是用 3g 粪便配制的 45mL 悬浮液（每 15mL 悬浮液含 1g），而且所检查的悬浮液容量为 0.3mL（计数室每一格的容量为 0.15 mL），因而两个格子中的虫卵总数乘以 50 即可得出每克粪便的虫卵数。

（三）离心式麦克马斯特法

这是常规粪便虫卵计数的最好方法。为便于检查，利用离心机除去细小的颗粒及色素沉渣。

【操作步骤】

（1）将约 45 个小玻璃球放入锥形瓶中，加水 42mL。

（2）称取 3g 粪便放入锥形瓶中，盖上瓶塞。

（3）摇动锥形瓶，直至所有的粪便全部破碎为止。

（4）将混悬液通过孔径 0.150mm（100 目，可参照附录Ⅰ）的金属网筛过滤，滤过液接于另一容器内，弃去筛网上的粪便碎屑。

（5）搅动滤液，取一份样品倒入离心管中，使其距离管口不超过 10mm，转速 1 500r/min 离心 2min，倾弃上清液。

（6）摇动离心管，直至沉淀松散，并在管底形成均匀的泥状物。将饱和氯化钠溶液注入离心管，达到前述的同一水平面为止。

（7）用大拇指盖住离心管管口，上下颠倒 5～6 次，使管中的内容物彻底混匀，立即用巴斯德吸管吸取足够液体，仔细滴入麦克马斯特载玻片的一个样品室中。再次混合后，吸取第二份样品加入另一样品室中。

（8）将计数板置于显微镜载物台上静置 1min，对两个不相连的格子中的所有虫卵全部计数。

与麦克马斯特氏计数法的算法一致：2 个格子中的虫卵总数乘以 50 即可得出每克粪便中的虫卵数。

（四）片形吸虫虫卵计数法

片形吸虫卵在粪便中数量少，比重大。因此，片形吸虫卵的计数要求采用特殊的方法，而牛、羊取样量又有所不同。

1. 羊

【操作步骤】

（1）称取羊粪 10g，置于 300mL 的锥形瓶中。

（2）加入少量 1.6% 氢氧化钠溶液，静置过夜。

（3）次日，将粪块搅碎，再加入 1.6% 氢氧化钠至 300mL 刻度处。

（4）将上述液体摇匀，立即吸取 7.5mL 粪液注入离心管中。

（5）以转速 1 000r/min 离心 2min，倾去上层液体，换加饱和盐水，再次离心后，倾去上层液体，再换加饱和盐水，如此反复操作，直到上层液体完全清澈为止。

（6）倾去上层液体，即将全部沉渣分别滴于数张载玻片上，检查全部载玻片上的虫卵，并计数。以总数乘以 4，即为每克粪便中的片形吸虫虫卵数。

2. 牛

【操作步骤】

（1）称取牛粪 30g，置于 300mL 的锥形瓶中。

（2）加入少量 1.6% 氢氧化钠溶液，静置过夜。

（3）次日，将粪块搅碎，再加入 1.6% 氢氧化钠至 300mL 刻度处。

（4）将上述液体摇匀，立即吸取 5mL 粪液注入离心管中。

（5）以转速 1 000r/min 离心 2min，倾去上层液体，换加饱和盐水，再次离心后，倾去上层液体，再换加饱和盐水，如此反复操作，直到上层液体完全清澈为止。

（6）倾去上层液体，即将全部沉渣分别滴于数张载玻片上，检查全部载玻片上的虫卵，并计数。以总数乘以 2，即为每克粪便中的片形吸虫虫卵数。

第二节　幼虫检查方法

动物体内的寄生虫种类很多，有些寄生虫排出的虫卵量很少，而且有的虫卵内直接含有幼虫，孵化速度很快，来不及做粪便检查就已经孵化为幼虫。还有许多线虫的卵很难通过形态进行鉴定，需要进行人工孵化为幼虫后才能进行区别，更何况有些线虫生殖方式为胎生，没有虫卵阶段，直接产生幼虫。因此，要想搞清楚宿主感染的寄生虫的种类，必须对其幼虫进行检查和鉴定。例如血吸虫，其所寄生的动物粪便中虫卵较少，直接涂片法不易检出，而血吸虫卵内毛蚴在条件适宜的的清水中，可在短时间内完成孵化，孵出后的毛蚴接近水面呈直线运动；再如网尾科线虫，其虫卵在新排出的粪便中已变为幼虫；还有类圆属线虫的卵随粪便排出后，在外界温度较高时，经 10min 左右，即孵出幼虫，等等。

这一节主要介绍畜禽体内的寄生虫幼虫或粪便中已孵化（包括人工）或已存在幼虫的检查方法，以及人工制备畜禽粪便培养物进行幼虫的回收和鉴定的方法。

一、血吸虫毛蚴孵化检查

【操作步骤】

（1）取牛粪 250～500g（羊粪取一次排出量），放入烧杯内或其他容器内，加入少量水，捣成糊状。

（2）再加较多量水充分搅拌，通过 0.450～0.300mm（40～60 目）铜丝网筛过滤至另一容器内。

（3）加满常水，静置 20～30min，再倒去上清液；如实验室有离心机，可采用离心机沉淀代替静置操作的办法，以 1 000～1 500r/min 转速离心 1～2min 即可，可节省时间。

（4）如此反复数次，至上清液透明无色为止，最后一次倒去上清液只留沉渣。

（5）将上一步的沉渣转移至 500mL 的三角瓶中，注满水（pH 值 6.8～7.8），在 25～32℃ 条件下静置。

（6）每小时一次（12h 以内），观察上清液中是否有上下运动的毛蚴。

二、血液微丝蚴检查

血液中微丝蚴的检查方法有多种，可以适时地选择使用其中一种或综合两种方法进行检查确诊（图 1-15）。

（一）压滴法

【操作步骤】

（1）取生理盐水 1 滴，置于洁净的载玻片上。

（2）用盖玻片的一角蘸取血液 1 小滴，与载玻片上的生理盐水充分混合（眼观呈粉红色为宜）。

（3）盖上盖玻片，用 400～600 倍放大倍数的显微镜检查。

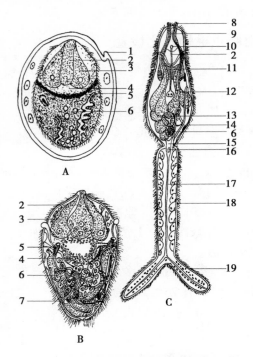

图 1 – 15 血吸虫幼虫各阶段形态

A. 成熟的卵； B. 毛蚴； C. 尾蚴

1. 小刺；2. 肠；3. 头腺；4. 神经细胞；5. 焰细胞；6. 生殖细胞；

7. 排泄孔；8. 刺管；9. 腺管；10. 口；11. 神经系统；12. 前头腺；

13. 腹吸盘；14. 后头腺；15. 排泄囊；16. 考氏岛；17. 尾排泄管；

18. 尾干；19. 尾叶

　　检查时应将显微镜集光器往下落，使视野暗一些，便于观察
虫体的活动。

（二）涂片法

【操作步骤】

（1）自耳尖或静脉取绿豆大的血滴滴于洁净载玻片上。

（2）涂成宽度约为 1.5cm 的血膜，充分干燥。

（3）将血涂片浸入常水内，待血膜呈乳白色时，取出镜检。

（三）浓集法

【操作步骤】

（1）采取静脉血 1mL，注入盛有 0.2mL 枸橼酸钠溶液（3.8%）或 4mL 甲醛溶液（2%）的沉淀管中充分摇匀，防止凝固。

（2）加 10mL 蒸溜水于沉淀管中，摇匀，使红细胞全部裂解（如使用甲醛时，此步可省略）。

（3）以 3 000r/min 转速离心沉淀 5min。

（4）倒去上清液，吸取管底沉渣，滴于载玻片上，制成涂片，镜检。

（四）染色法

【操作步骤】

（1）用上述第（二）、（三）项方法所作的标本片，甲醇固定 2~3min 后，以姬姆萨染色液（原液 1 滴加蒸馏水 1mL）染色 30min。

（2）用 0.5% 盐酸酒精（70% 酒精 99.5mL + 盐酸 0.5mL）脱色数秒钟，水洗。

（3）再用亮甲苯基蓝稀释液（1% 亮甲苯基蓝酒精液 1 滴加蒸馏水 1mL）染色 3~5min（在显微镜下观察染色结果以确定染色时间），水洗。

（4）干燥后用加拿大树胶封固、镜检（图 1 - 16）。

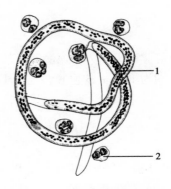

图 1 – 16　血液中的微丝蚴

1. 微丝蚴；2. 血细胞

三、肺线虫幼虫的检查

(一) 羊肺线虫一期幼虫的检查

可用贝尔曼法分离绵羊或山羊新鲜粪便中的肺线虫幼虫。

【操作步骤】

(1) 在 10cm 漏斗的柄上装一截长 6cm 的橡胶管，并用弹簧夹夹紧。

(2) 将漏斗置于合适的蒸馏瓶架上。

(3) 漏斗装满水后，将一方块 8cm × 8cm 左右的薄纱（或类似的布）平放入水中。

(4) 称取 5g 新鲜粪便，放在薄纱上，将薄纱的四个角折起覆盖到粪便上面。

(5) 将漏斗静置一夜，然后通过橡胶管放出几毫升液体于锥形离心管中，然后置离心机中 1 500r/min 离心 2min，用虹吸法小心吸出上清液。

（6）留下总量约 0.1mL 的沉淀物，吸到载物片上，再用 0.1mL 水冲洗离心管，也吸到同一载物片上，加一块 22mm × 40mm 的盖玻片后，用显微镜仔细检查。

因为用这种方法回收丝状网尾线虫幼虫的得率在 85% ~ 90% 之间，所以认为每观察到一条幼虫则表示 1g 粪便中有 0.18 条幼虫的量。

（二）牛肺线虫一期幼虫的检查

这是在牛粪便中肺线虫幼虫数量非常少的情况下，证实其存在的一种简单方法。

【操作步骤】

（1）将 50g 左右的新鲜粪便涂于一张圆形滤纸（直径 17cm）上。

（2）设置一台贝尔曼装置。

（3）将滤纸以粪便朝下的方式放在网筛中，静置过夜。

（4）第二天早晨，约有 10mL 的液体流入圆锥形离心管中。

（5）1 500r/min 离心 2min，用虹吸法吸去上清液，将沉淀物转移至载物片上，置显微镜下观察。

四、粪便培养物的制备

粪便培养可为蠕虫卵的孵化及幼虫发育到感染期提供适宜的环境。不同的虫卵需要不同的培养条件。下面介绍的这种通用方法适用于反刍动物、猪、马和兔粪便中的线虫卵的培养和孵化。

将粪便打碎捣细，只要便于操作，用大的杵和研钵，或调药刀均可。为了得到好的培养物，粪便应潮湿易碎，但也不宜太湿。如果粪便太湿，则应掺加消过毒的粪便、泥炭或活性炭，直至硬度适宜为止；太干的粪便，应加水湿润。虽然球形粪便（如羊粪）可以不压碎就可进行培养，但最好采用上述方法处

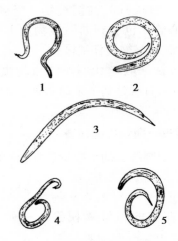

图 1 – 17 绵羊常见的各种肺线虫第一期幼虫
1. 带鞘囊尾线虫；2. 丝状网尾线虫；3. 胎生网尾线虫；
4. 毛样缪勒线虫；5. 红色原圆线虫

理。因为这种方法可以保证虫卵以较高的比例发育为第三期幼虫。一般而言，进行适当培养，粪便中的虫卵至少有一半可回收到第三期幼虫（图 1 – 17）。

如果是为了实验目的而大量制备粪便培养物时，可按下述步骤操作。

【操作步骤】

（1）将粪便破碎并与泥炭混合，尽量搅匀。

（2）粪便变得足够细之后，如果太干就加适量水，太湿则添加泥炭，继续混合，直至稠度恰当为止。

（3）将混合好的粪便放在深 5cm 左右的搪瓷盘中培养，盘中的粪便的厚度应控制在 4cm 左右，并应盖上合适的盖子。

（4）置于 27℃下孵化 7d，若无合适的孵化器，可在室温下培养 10~20d。

（5）将培养物每天搅动一次，以使下面的粪层充分接触空气。这样不仅可提高幼虫回收的效果，而且可以抑制真菌的生长。

五、线虫幼虫的培养

（一）培养胎生网尾线虫第三期幼虫

【操作步骤】

（1）用调药刀将已知含有胎生网尾线虫第一期幼虫的牛粪在浅底盘上均匀地涂上几层，厚度在 5mm 左右。

（2）在盘子上盖一块玻璃，置室温下保存 7d，可以使粪便的表面保持湿润，如有必要，可用小型喷雾器喷洒细微的水雾。

（3）7d 后，用水冲洗粪便表面和玻璃板的下面，利用沉淀的方法回收幼虫。

（二）培养丝状网尾线虫第三期幼虫

【操作步骤】

（1）应用贝尔曼装置从羔羊或小山羊的粪便中收集第一期幼虫。

（2）将采集的幼虫吸至玻璃量筒（透光要好）中，并加满水。将玻璃量筒静置于 4℃ 条件下数小时，以便幼虫能沉降至量筒底部。

（3）用虹吸法小心吸出上清液，将幼虫置于清洁的水中再次悬浮，并在室温下培养。

（4）用充气泵往水中缓慢通入流动的空气，并使它冒出气泡。

（5）7 天之后，这种幼虫就可发育到第三期幼虫。。

（三）培养细颈线虫幼虫

细颈线虫幼虫是在卵壳内发育至感染期，因此不需要外源性养料。培养的方法是从新鲜粪便中分离虫卵，在水中保存，直至达到感染期。

【操作步骤】

（1）取感染羊的粪便，按需要加水，充分搅拌使其软化变成混悬液。

（2）每次取少量这种粪便悬液置于双层金属网筛（下层孔径 0.050mm；上层孔径 0.150mm）内，用强烈喷水的方法进行冲洗后，将上层网筛上的粪渣摒弃。

（3）用水轻轻地喷射拦截于下层网筛上含有细颈线虫卵的材料，直至通过网筛的水变清亮为止。然后冲洗网筛的背面，将冲洗液接入大口容器内，并转移至一个或多个玻璃试管内，使其自然沉淀。

（4）用虹吸法吸出上清液，按 1：14 的比例，加入饱和氯化钠溶液，转移至 50mL 离心管内，1 500r/min 离心 4min，对沉淀物进行浮集，并将含有虫卵的上清液用吸管吸出。

（5）将上清液通过孔径 0.050mm 的金属网筛过滤，并喷水冲洗虫卵，使它从氯化钠溶液中游离出来。

（6）将虫卵从网筛上回收至少量的水中，加入足量的重铬酸钾使其成为 0.5% 的溶液（这样可以防止真菌污染），将回收的虫卵液转至培养皿中，27℃ 条件下至少孵育 10d。

（7）10 天之后，每天检查培养物一次，直至大部分虫卵已孵化出幼虫。

（8）换水数次后，将幼虫冲洗至玻璃量筒中，并在 4℃ 条件下自然沉淀数小时。用虹吸法吸出上清液后，将剩余样品吸至垫有吸水纸的滤纸上，过量的液体被吸去时，将滤纸上面朝下置于贝尔曼装置中。此时，幼虫会从卵壳及其他碎屑中游离出来，再经 12～24h 发育之后即可收集幼虫。

（四）培养巴西利亚日圆线虫感染性幼虫

巴西利亚日圆线虫常用于慢性寄生线虫病的动物模型，特别是普遍地应用于免疫寄生虫学的研究。

【操作步骤】

（1）将从感染大鼠收集的粪便浸泡于水中，4h 后，排去多余的水，用杵在研钵中轻轻将粪便捣碎。

（2）将粪便与 40mL 水混合后置于锥形瓶中，加入玻璃球一起摇动，直至粪便完全散开。

（3）将瓶内混悬液通过孔径 0.150mm 的金属网筛过滤，接滤液于研钵内。

（4）再将滤液转入量筒中，静置 4h，使虫卵沉于底部。

（5）虹吸法吸出上清，将沉淀物移入离心管中，1 500r/min 离心 2min。

（6）倒出上清液，将沉淀再悬浮于 8mL 左右的清洁水中，与适量活性炭混合使其具有易碎但潮湿的黏稠度。

（7）将混合物放入搪瓷盘内，盖上盖子，置于 27℃ 温箱中孵育，前 3d 每天搅拌一次，5d 后，这些幼虫即可发育成感染性幼虫，而且大多数附于培养混合物的表面。

（8）将培养混合物上部厚 3mm 的一层取出，放入装有水的烧杯中，较大的活性炭颗粒几乎立即沉于底部，这时可将含有幼虫的悬浮液轻轻倒出。

（9）将悬浮液通过双层金属网筛（下层孔径 0.038mm；上层孔径 0.150mm）过滤后，幼虫将会被拦截于下一层网筛上。

注意：巴西利亚日圆线虫是一种可穿透皮肤的寄生虫，对其培养物必须慎重处理。

（五）培养鸡异刺线虫感染性虫卵

【操作步骤】

（1）从感染雏鸡的新鲜盲肠中分离鸡异刺线虫。

（2）将异刺线虫置于研钵内，排去全部多余的水，用杵将其研磨成均匀的糊状。

（3）用蒸馏水将这种糊状物调成均匀的悬浮液，并进行离心，用虹吸法吸出上清液，再将沉淀物悬浮于蒸馏水中。

（4）按 15mL 一份，转移至试管内，每管加入 1mL 2% 福尔马林溶液，以防真菌污染。

（5）用胶塞塞住管口，27℃孵育 21d，每天轻轻摇动一次。在孵育期结束时，大多数虫卵达到感染阶段。

（六）培养感染性猪蛔虫卵

【操作步骤】

（1）从感染猪的小肠中收集蛔虫。

（2）将成熟的雌虫置于玻璃板上，用解剖刀小心将虫体纵向剖成两半，并将子宫挤压出来，用镊子小心将子宫夹到小研钵内。

（3）用剪刀将子宫剪 2~3min，将它剪碎，以便虫卵释放出来。然后，加入少许石英砂，轻轻研磨。

（4）将研钵装满水，充分搅动，待石英砂沉淀后，将水和虫卵倒入合适的容器内，这样反复操作几次。

（5）悬液通过孔径 0.150mm 的金属网筛过滤，摒弃网筛上的残渣。

（6）通过沉淀从上述悬液中回收虫卵。为防止真菌生长，可将沉淀物再悬浮于 2% 硫酸铜溶液中。

（7）通过沉淀使硫酸铜悬液的容积减小，并与适量石英砂混合，使之变得易碎但潮湿的团块状，将其置于培养皿中，盖子内衬一张用2%硫酸铜溶液浸湿的滤纸，在27℃孵育21d，每天搅动一次，并使它保持湿润。孵育完毕后如需贮存，可用胶带将盖子与培养皿密封好，置于4℃条件下保存。

（8）将从培养物中回收的感染性虫卵转移至一个装有水的容器内，待石英砂下沉后，立即轻轻倒出上清液。如此反复倾倒几次，将得到的虫卵悬液通过沉淀进行浓缩。

由于蛔虫可感染人，因此处理蛔虫卵的培养物时要小心，所有的器械用后均应高压消毒。

六、线虫幼虫的回收

（一）贝尔曼装置回收法

回收幼虫最好是应用贝尔曼装置。

【操作步骤】

（1）从孵化器中取出培养物，将培养皿中的粪便倒在贝尔曼装置的网筛中，尽可能使它均匀地分布于整个网筛上。

（2）用少量水冲洗培养皿和盖子，以便收集粪便中可能迁移到皿壁或盖子上的所有幼虫。

（3）将冲洗后的水倒入贝尔曼装置，静置24h，幼虫将逐渐通过筛网迁移至漏斗底部，可从该处放出液体，并进行检查和回收幼虫。

（二）浸泡回收法

为特殊诊断目的而制备的少量培养物可以不用贝尔曼装置回收幼虫，而使用浸泡回收法。

【操作步骤】

（1）将培养皿中的粪便倒入放在烧杯上面的湿润薄纱上。

清洗培养皿和盖子，将洗下的液体通过薄纱倒入烧杯中。

（2）将薄纱连续对角折几次扎紧，做成一个袋子将粪便包在里面，烧杯内装满水，使包在薄纱中的粪便漂浮于水中。

（3）第二天，取出薄纱及粪便，置于烧杯上面挤压，以使挤压出的液体流入烧杯中。弃去薄纱及粪便，将烧杯中的液体静置24h，幼虫逐渐下沉到底部。

（4）用虹吸法吸去上清液，幼虫会留在剩余的少量液体中。

七、线虫幼虫的净化

（一）滤纸干燥法

建议采用下述步骤净化寄生性线虫第三期幼虫的培养物，清除非寄生性线虫的幼虫。

【操作步骤】

（1）准备一张滤纸，将其平放在许多层微湿吸水纸的上面。

（2）将幼虫的不洁净悬液倒于滤纸上，吸去游离的水。

（3）将滤纸移至干吸水纸上，使其变得非常干燥。通过干燥过程可杀死非寄生性线虫的幼虫。

（4）将滤纸上面朝下放于洁净的贝尔曼装置上，经过数小时之后，用常规方法吸出纯净的幼虫。

（二）蔗糖鸡尾酒法

【操作步骤】

（1）卵或幼虫与碎屑的混合物应是比较均匀的悬液。将悬液经孔径0.150mm的金属网筛过滤，并使滤液沉淀浓缩，以便去除粗大的颗粒。

（2）随后将蔗糖溶液小心地滴入离心管内，使其形成一系列的明显浓度梯度。首先，滴入1/3饱和蔗糖溶液4mL，然后分别加入 1/4 饱和蔗糖溶液 3mL、1/6 饱和蔗糖溶液 3mL 和 1/8 饱和蔗糖溶液 3mL。

（3）将 3mL 待检悬液作为最后一层，滴在蔗糖溶液的上部。

（4）1 500r/min 离心 6～15min，直至较大颗粒的碎屑沉淀为止。

（5）虫卵或幼虫将会集为一层，介于两种蔗糖溶液之间，利用斜射的光线可以很清楚地看到，用细吸管将虫卵或幼虫层吸出，用水进行稀释后，离心，以虹吸法吸出上清液，洗去游离的蔗糖。这种清洗过程要重复做三次。

八、线虫幼虫的检查和鉴定

检查和鉴定之前，在幼虫悬液中加入碘液（见附录Ⅱ），将幼虫杀死。为此，可将一滴幼虫悬液置于加有碘液的显微镜载玻片上，或者将碘液直接加入悬液容器内。碘液不仅能杀死所存在的幼虫，而且可使非寄生性的活线虫染成黄色，而寄生性的第三期幼虫则在相当长的一段时期内仍然不着色。所加入的碘液量至关重要，以便所有的线虫都能被杀死，而寄生性的幼虫却不会过快吸收染料。某些类型的寄生性幼虫吸收碘液比其他类型的要容易，因此染色也较快。检查之前，在已准备好的 0.2mL 左右悬液上放置一块盖玻片。

检查载玻片上的幼虫时，显微镜要采用恰当的照明度和放大率，否则，就不容易看出幼虫的某些特征。最好是用 10× 的物镜，目镜则用 6× 或 8× 的。在放大 60～80 倍时，经验丰富的专业人员可以观察到第三期幼虫鉴定的大多数特征；必须从完整的幼虫，而不是任何一种特殊的特征来鉴别幼虫。不过，为了进一步证实某些特征，也有必要使用较高的放大率，例如，用 40× 的物镜和 6× 的目镜。

由于非寄生性的线虫会立即被碘液染色，而这种寄生虫的幼虫呈半透明，而且几乎是无色的，因此很容易辨认。另外，在少数例外情况下，存在有界限清楚的角质层鞘就会进一步证实对寄生虫幼虫的鉴定（图1-18）。

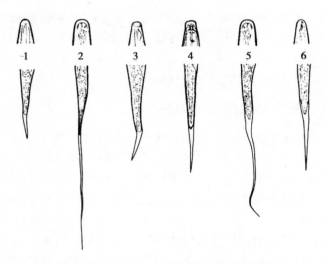

图1-18　常见线虫的第三期幼虫的形态特征
1. 毛圆线虫；2. 细颈线虫；3. 奥斯特线虫；4. 古巴线虫；
5. 食道口线虫；6. 血矛线虫

用于鉴别不同种类幼虫的特征是：头部的形状及其内部结构、肠细胞的数目和形状、鞘尾的相对大小和形状以及幼虫尾部的形态。有些幼虫死亡时，呈现十分明显的特征性姿势。关于这一点，应该指出，在加入碘液之前已死的幼虫，通常是挺直的，已形成空泡，内部结构发黑变性，并迅速吸收染料（表1-4至表1-7）。

表1-4 反刍动物消化道线虫第三期幼虫的形态特征

属	肠细胞数目（个）	头的特征	鞘尾特征
细颈线虫属	8	宽阔的圆形	细丝状
奥斯特线虫属（绵羊）	16	方形	短的锥形
奥斯特线虫属（牛）	16	方形	中等的锥形
古柏线虫属	16	方形，带折射体	中等细长或成为细微的尖点
血矛线虫属	16	狭窄的圆形	适度的分枝
毛圆线虫属	16	逐渐变细	短的锥形
仰口线虫属	16		短的细丝状
食道口线虫属和夏伯特线虫属	32	宽阔的圆形	细丝状

表1-5 猪的消化道线虫第三期幼虫鉴定

特点	线虫属
幼虫宽阔，鞘尾长，为细丝状	各种食道口线虫属
幼虫细长，鞘尾非细丝状	淡红色猪圆线虫

表1-6 反刍兽消化道线虫第三期幼虫鉴定表

特点	线虫属
①食道为杆状	非寄生性的活线虫
食道不是杆状	②
②无鞘，食道长度几乎占体长1/2	类圆线虫属
有鞘，食道不超过身体长度的1/4	③
③鞘尾短，非丝状的鞘尾中等长度，	④
非丝状的	⑤
鞘尾为丝状的	⑥
④幼虫头逐渐变细尾微圆或带有一二个结节	毛圆线虫属
幼虫头为方形，尾微圆	奥斯特线虫属（绵羊）

（续表）

特点	线虫属
⑤幼虫头为方形，鞘尾似锥形幼虫头为方形，带有折射体或折射带	奥斯特线虫属（牛）
鞘尾逐渐变细，几乎成为一条细线或突然变成细小点状	古柏线虫属
幼虫头为狭窄的圆形，鞘尾分支	血矛线虫属
⑥头为宽阔的圆形，8 个肠细胞，幼虫尾部有 V 型的凹口，裂开成为 2 片或 3 片	细颈线虫属
头为宽阔的圆形，32 个肠细胞	食道口线虫属/夏伯特线虫属
幼虫非常小，16 个肠细胞	仰口线虫属

表 1－7　马属动物消化道线虫第三期幼虫鉴定

特点	线虫属
①食道为杆状	非寄生性活线虫
食道非杆状	②
②无鞘，食道几乎占到体长的 1/2	马类圆线虫
有鞘，鞘尾短，非细丝状	艾氏毛圆线虫
有鞘，鞘尾为细丝状	③
③有 8 个肠细胞	各种毛线线虫
有 8 个以上肠细胞	④
④有 12 个肠细胞	头状辐首线虫
有 16 个肠细胞	⑤
有 16 个以上肠细胞	⑥
⑤幼虫非常大，带有界限清楚的大三角形肠细胞	各种食道齿线虫
幼虫中等长度，有界限大致清晰的长方形肠细胞	各种盆口线虫
幼虫非常长而细，幼虫尾部有界限不清裂为 3 片的突起	马圆形线虫
⑥幼虫宽阔，中等长度，有 18～20 个界限清楚规则的肠细胞	各种三齿线虫

（续表）

特点	线虫属
幼虫小，细长，尾钝，有 18～20 个界限不清的细长肠细胞	无齿圆形线虫
幼虫宽阔，食道短，有 28～32 个界限清楚的长方形肠细胞	普通圆形线虫

第三节　成虫检查方法

这一节介绍畜禽寄生虫成虫的检查方法。成虫的检查主要靠死后剖检，即全身性蠕虫学剖检法，此法可以发现畜禽一切器官和组织结构中的所有寄生蠕虫，包括粪便检查无法证明的一些幼虫（如绦虫蚴）并能正确计算蠕虫的寄生量。

剖检时先将动物的皮剥下来，观察皮下组织和肌肉是否有寄生虫存在，然后将各种器官依次取出，分别放置于单独的各种大小搪瓷盘中；而后再仔细检查胸腔和腹腔及其内的液体中的寄生虫；剥离眼睛，仔细检查结膜囊；锯开头颅，检查额窦和鼻腔的内容物中的寄生虫；取下膈肌脚以便检查有无旋毛虫幼虫。之后，再检查每一种取出的器官中有无寄生虫。

一、消化器官

大多数寄生虫都寄生于家畜的消化系统或与之相连的脏器内，因此消化系统特别是肠道内的寄生虫往往较多。检查时，应分脏器和分段分别进行。

【操作步骤】

（1）结扎。将食道、胃、小肠、肝、胰等脏器分别结扎并分离，分别放置于不同器皿中。

（2）食道检查。用剪刀剪开，仔细检查浆膜和黏膜，当发现肉眼清晰可见的寄生虫时，用采虫针或尖头镊子将虫体挑下。细小而不易发现的寄生虫则可采取刮下法进行检查，如用直刃的手术刀刮取黏膜后将其放在一张载玻片上，用另一张同样的载玻片盖上，把刮取物压于两载玻片之间，放在解剖镜下检查。如果找到虫体，可小心地将两载玻片分开，用眼科手术刀或解剖针从刮取物中挑出虫体。

（3）胃的检查。沿胃大弯剪开，将所有的内容物倒在一个单独的容器内，先检查胃壁，发现虫体时，小心挑下，然后刮取胃黏膜，并将黏膜刮取物压于两载玻片之间，置于解剖镜下检查。胃内容物在用水多次冲洗后，把沉渣倒在脸盆或玻皿中肉眼检查（反刍动物着重检查瘤胃和真胃）。

（4）肠道的检查。应将小肠和大肠分开处理。用肠剪将肠道纵向剪开，检查肠膜上是否有寄生虫存在。对黏膜和内容物的检查与胃的检查方法相同。

（5）肝脏的检查。肝脏先置于白色搪瓷盘中，切下胆囊，并将其放于单独的器皿中。然后用手撕破肝脏，尽可能撕成小块（不能使用剪刀，以防剪破虫体），盘内加满水，静置 20 ~ 30min。此时，寄生虫由肝内胆管逸出，并沉于水底。小心倾去上层液体，注意不要倾出虫体。重复同样的操作数次，直到上清液清亮为止。此时，取出肝块，再次倾去上层的液体，留下的沉淀物用放大镜检查。有可能会找到微小的虫体，可用解剖针或眼科手术刀将虫体挑出。胆囊单独剪开进行检查，放在盛有清水的盘中寻找虫体。

（6）胰脏的检查方法和肝脏的检查方法相同。

（一）肝脏有无片形吸虫的检查

【操作步骤】

（1）从尸体中取出肝脏之前，应将胆总管结扎，以防吸虫逸出。如果动物已死亡多时，吸虫有可能已进入小肠，因而，对小肠也必须进行检查。

（2）取出胆囊，将其转移至装有生理盐水的钵内剖开。

（3）剪开胆管及所有的血肿，为此，须将肝脏切成 2～3 块，放在盐水钵中清洗，将见到的附着在肝脏上的所有吸虫用镊子分离下来。

（4）将肝脏切成厚 1cm 的薄片，挤压，并在盐水中充分清洗。

（5）把这些薄片再切成 1cm×5cm 左右的小块，再次充分挤压和清洗后摒弃。

（6）将上述盐水通过孔径 0.450mm 的金属网筛过滤，把筛子拦截的吸虫回收于少量盐水中，进行计数和检查，有些吸虫可能已被切成几片，待完整的吸虫计数完毕并转移至另外的容器中后，通过计数头部来估算这些虫体碎片所代表的吸虫数目。

（7）如果未发现吸虫，但有理由怀疑它们存在时，可以检查胆汁中有无虫卵。将胆汁倒入孔径 0.050mm 的金属网筛过滤，将所有的虫卵拦截下来。冲洗网筛上的材料，再冲洗网筛背面，通过沉淀加以浓缩，并进行虫卵检查。

（二）消化道线虫计数的方法

这种方法适用于许多动物胃肠道寄生虫的计数。

【操作步骤】

（1）将胃和小肠结扎，并从动物体内取出，分别加以处理。

（2）将胃放在一个钵内切开，把内容物接在钵内，在水龙

头下用流水彻底冲洗胃壁，用手指仔细擦摩黏膜，取出粘附于其上的所有线虫，并将冲洗液接于装胃内容物的同一钵内。

（3）此时，将钵中的内容物一次少量地倒在孔径 0.074mm 的金属网筛上，用系在水龙头上的胶管中的水流冲洗，直到再无有色的物质或食物颗粒洗下为止，用这一方法将所有的材料筛洗完后，将网筛反扣于一个合适的容器上（如水桶），用水流把网筛上聚集的食料和线虫冲洗到容器中。当有大量的碎渣时，必须多次清洗网筛（如果不立即检查，可将这些材料转移至适当的容器中，并用5%甲醛盐水固定）。

（4）加入水和足够的福尔马林，使容器中内容物的容积达 6 000mL，福尔马林的最终浓度为5%（如果线虫已死亡，最好不加福尔马林）。为避免吸入福尔马林气雾，在稀释及随后检查之前，应将所有的固定材料放在网筛中用生理盐水充分淘洗。

（5）用力摇动整个容器，并用广口瓶（塑料容器则可切割成适当大小）取出两份 30mL 样品，在整个取样过程中应持续不断用力摇动。

（6）分别检查两份 30mL 的样品，必要时，用水稀释，取少量放于一个下面划有相距 5mm 平行线的培养皿内，用解剖显微镜对两份样品中的线虫进行计数，然后用数出的线虫总数乘以 100，即为胃内存在的总线虫数。如有必要，可用同样的方法再检查两份 30mL 的样品。

（7）肠道做如下处理：除去肠系膜，用手指挤出一段长 1.5～2m 的小肠内容物，用系在水龙头上的橡皮管插入已挤出内容物的肠段，通水冲洗，将冲洗液加到内容物中，按上述胃内容物的方法进行处理。

（8）盲肠和大肠的体积大，且有大量内容物，因而最好是将盲肠和结肠分开处理。开始，对两者都是按上述步骤 2 的方法

进行同样的处理，然后，将大肠各个部位的内容物和冲洗液，一次少量地倒入孔径0.355mm的网筛内，喷水充分冲洗，截留在网筛上的残渣按步骤3和4进行处理（表1-8、1-9）。

表1-8　不同宿主动物消化器官内的寄生虫

寄生虫	宿主动物						寄生部位
	反刍动物	猪	马	犬	兔	禽	
肝片形吸虫	√	√					肝脏胆管
华支睾吸虫		√		√			肝脏胆管、胆囊
布氏姜片吸虫		√					十二指肠
鹿前后盘吸虫	√						瘤胃、胆管壁
马裸头绦虫			√				小肠、大肠
莫尼茨绦虫	√						小肠
赖利绦虫						√	小肠
泡状带绦虫				√			小肠
豆状带绦虫				√			小肠
多头带绦虫				√			小肠
棘球绦虫				√			小肠
棘球蚴	√	√	√		√		肝脏
蛔虫	√	√	√	√		√	小肠
马尖尾线虫			√				大肠
马圆线虫			√				盲肠、结肠
异刺线虫						√	盲肠
毛圆线虫	√	√		√	√		胃、小肠
血矛线虫	√						真胃、小肠
棘头虫		√				√	小肠
马胃蝇蛆			√				胃、消化道

表1-9　牛羊消化道线虫种类及鉴别要点

寄生部位	虫种	形态特征	
		肉眼观察	镜检
真胃	捻转血矛线虫	真胃中较大的线虫，虫体粉红色，前端尖细，雌虫体内红色的肠管与白色的生殖器官相互缠绕构成螺旋状花纹。	前端口囊内有一背矛，雄虫交合伞的背肋偏于左侧，呈到"Y"字形，雌虫阴门部有一大拇指状的阴门盖及体内有红白相互缠绕的肠道和生殖器官。
真胃	奥斯特线虫	真胃中中等大小的棕色线虫	雄虫交合刺较细，端分3叉（或2叉），具导刺带，雌虫子宫内虫卵较小。
真胃	马歇尔线虫	与奥斯特线虫相似，但虫体稍大	雄虫无导刺带或有不明显导刺带，雌虫子宫内虫卵较大。
小肠及真胃	毛圆线虫	真胃及小肠中最小的线虫，呈淡红色，在黏膜内	前端腹面稍后，有明显的排泄孔。
小肠及真胃	细颈线虫	淡黄色线虫，前端细长，像"小鞭子"往往卷曲在一起	前端有横纹。雄虫尾端有一尖细的小刺。雄虫交合刺细长，末端有膜包裹，子宫内虫卵较大。
小肠及胰脏	古柏线虫	虫体大小似毛圆线虫	虫体前端角皮略膨大，其基部以一横沟与身体分开。雄虫背肋分叉呈"U"形，并有侧小分枝。
小肠	仰口线虫（钩虫）	小肠内最大的线虫，呈粉红或灰白色。	前端弯向背部，口囊内有数目不同的齿。
大肠	食道口线虫（结节虫）	白色坚韧线虫，较大	口囊浅小，有内、外叶冠
大肠	夏伯特线虫	白色坚韧线虫，较大，前端有一大的口囊	口囊较大，呈漏斗状，开口处有两圈叶冠，呈锯齿状。
盲肠	毛尾（首）线虫（鞭虫）	虫体前部细长，后部粗短，像一根鞭子。雄虫尾端卷曲，雌虫尾端平直。	前部细长，内为单细胞构成的食道。后部粗短，内含生殖道及消化道。雄虫的一根交合刺位于交合刺鞘内。

二、呼吸器官

用剪刀将喉、气管和支气管剪开，先用肉眼检查，再刮洗黏

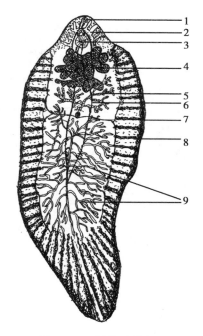

图 1 – 19　肝片形吸虫

1. 口吸盘；2. 肠管；3. 腹吸盘；4. 子宫；5. 卵巢；

6. 输精管；7. 卵黄管；8. 卵黄腺；9. 睾丸（分枝状）

膜检查。对所有肺组织剪成小块，放于玻璃平皿中，加水彻底冲洗后，在沉淀物内检查是否有虫体存在（图 1 – 19 至图 1 – 21）。

【操作步骤】

（1）把肺与气管一同从动物体中取出，放在一个大而深的托盘中。

（2）用剪刀将气管和支气管剖开，大的细支气管剪开到末端，然后剪开较小的侧细支气管，再从大细支气管末端开始，按相反的次序朝向支气管操作，将在剪开过程中见到的所有虫体

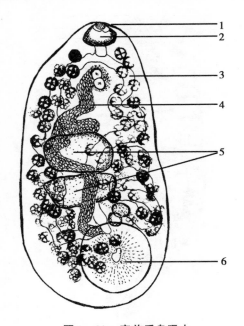

图1-20　鹿前后盘吸虫

1. 口吸盘；2. 咽；3. 肠管；4. 子宫；5. 睾丸；6. 后吸盘

收集。

（3）将所有的支气管放在装满生理盐水的平皿中切开，并在其中进行充分清洗，将盐水倒入孔径0.038mm的金属网筛内，轻轻冲洗网筛截留的材料。

（4）为彻底检查，可将上述冲洗过的肺剪碎，放入一孔径0.150mm的金属网筛，将此网筛浸于装满39℃的0.13%盐水桶内，静置数小时，然后取出网筛，弃去内容物，将桶内的材料倒入孔径0.038mm的金属网筛，用流水轻轻冲洗网筛截留的材料。

（5）大的肺线虫很易损坏，而且在盐水中会形成紧密缠绕

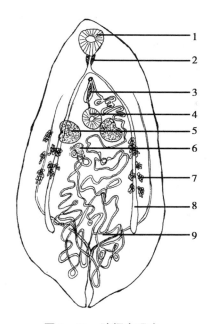

图 1 – 21 胰阔盘吸虫

1. 口吸盘；2. 咽；3. 雄茎囊；4. 腹吸盘；5. 睾丸；

6. 卵巢；7. 卵黄腺；8. 肠管；9. 子宫

的团块，不破坏线虫就不能将团块分开，这时可将肺线虫放入含
1%氨基甲酸酯的生理盐水溶液中，大部分线虫都可变松弛而分
开（表1 – 10）。

表 1 – 10 不同宿主动物的呼吸器官的寄生虫

寄生虫	宿主动物						寄生部位
	反刍动物	猪	马	犬	兔	禽	
舟状嗜气管吸虫						√	气管、支气管、鼻腔
卫氏并殖吸虫				√			肺脏

（续表）

寄生虫	宿主动物						寄生部位
	反刍动物	猪	马	犬	兔	禽	
棘球蚴	√	√	√		√		肺脏
网尾线虫	√		√				气管、肺泡
野猪后圆线虫	√	√					支气管
斯科里亚宾比翼线虫						√	气管
羊鼻蝇蛆	√						鼻腔及其附近的腔窦

三、泌尿器官

切开肾脏检查，重点检查肾盂。将输尿管和膀胱放入盆内，用剪刀剪开，刮取膀胱的黏膜检查，尿液用反复冲洗法处理（图 1 – 22、1 – 23）。

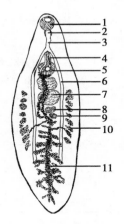

图 1 – 22　矛形歧腔吸虫

1. 口吸盘；2. 咽；3. 食道；4. 雄茎；5. 腹吸盘；6. 肠；
7. 睾丸；8. 卵巢；9. 卵模；10. 卵黄腺；11. 子宫

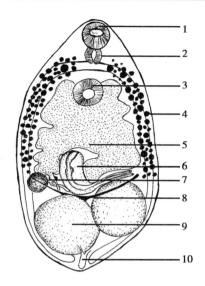

图1－23　绵羊双士吸虫

1. 口吸盘；2. 咽；3. 腹吸盘；4. 卵黄腺；5. 子宫；
6. 雄茎囊；7. 卵巢；8. 卵黄管；9. 睾丸；10. 排泄囊

四、生殖器官

对生殖道黏膜应刮取材料作压片检查，也可将组织放于两载玻片之间用压碎的方法进行检查（表1－11）。

表1－11　不同宿主动物的泌尿、生殖器官的寄生虫

寄生虫	宿主动物						寄生部位
	反刍动物	猪	马	犬	兔	禽	
前殖吸虫						√	输卵管、泄殖腔、法氏囊
肾膨结线虫				√			肾脏
有齿冠尾线虫		√					肾盂、输尿管、膀胱
媾疫锥虫			√				生殖道黏膜

五、其他器官

(一) 脑髓

将脑髓彻底分层切成薄片，将薄片放在两载玻片之间采用压碎的方法检查。

(二) 眼睛

剖开眼睛，用洗净法检查。用从眼睛内面及结膜获得的刮取物进行检查。

(三) 膈肌脚

应采用压片法或者消化法进行检查，主要用于旋毛虫检查。

1. 压片法

【操作步骤】

(1) 从膈肌脚取 0.5~1.0g 样品，分成大约 10mm×3mm 的小块。

(2) 放在两块玻璃板之间加力压碎，一种便于操作的办法是用带有指旋螺丝的玻璃夹板 (图 1-24) 挤压组织。

(3) 应用解剖显微镜以透射的光线进行检查。

旋毛虫幼虫易感染人。因此，在处理感染或可疑的材料时，必须极其谨慎，所有的材料和用具使用之后均须通过煮沸或高压消毒。

2. 消化法

旋毛虫特别喜爱的寄生部位是舌、嚼肌、肋间肌和膈肌。因此，应采集这些部位的肌肉进行消化检查。在这之前，应将肌肉上的脂肪和外部的其他组织剔除干净。检查多头猪时，通常是从每一头采集1g隔肌脚组织样品，将这些样品大批集在一起，使其成为最大达到100g的混合样品。

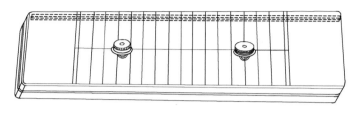

图 1-24　玻璃夹板（带指旋螺丝）

【操作步骤】

（1）用切碎机/混合器中将 100g 样品切细，将切碎的组织转移至 3L 的烧杯内，用活力为每克 30 000（2 000 EIP）单位的 10g 胃蛋白酶覆盖。

（2）加入 2 升加热至 46~48℃的自来水，然后加入 20mL 浓盐酸（浓度 50%），使其成为 0.5% 盐酸浓度，将混合器的叶片及塑料容器放在烧杯内的消化液中清洗。

（3）在烧杯中放入一根长 5cm 的磁力搅拌器棒，并用铝箔盖在顶部，防止液体溅出，将烧杯放在已加热的磁力搅拌器的热盘上，预先将热盘调整到能使溶液保持 44~46℃的温度，开始搅拌，调整转速使液体中央出现深的旋涡。

（4）搅拌 30min，将烧杯内容物通过一个放在漏斗上的孔径 0.18mm 网筛，转移至 2L 的分液漏斗中，为尽可能将网筛上截留的所有幼虫冲洗下来，可用一个园艺上用的手持小喷雾器，以细小的水雾轻轻冲洗残渣。

（5）沉淀 30min，让 40mL 沉淀物流到 50mL 量筒中。静置 10min，随后以虹吸法吸出 30mL 上清液，再用 30mL 水将沉淀物制成悬液，再沉淀 10min 后，用虹吸法吸出 30mL 上清液，将剩余的 10mL 倒入已划好线的培养皿中（平行线之间相距 5mm），清洗量筒，将清洗液加入陪替氏培养皿中。应使用几个陪替氏培养皿，如果残渣中含有大量未消化的颗粒，则用洁净的自来水稀释。否则，残渣可能将有些旋毛虫幼虫掩盖。

（6）用放大 20～40 倍的解剖显微镜检查沉淀物，消化的沉淀物如不立即检查，则可能凝成絮状，并变混浊，出现这种情况时，应将它重新悬浮于 40mL 洁净自来水中，再沉淀一次之后进行检查。

（四）心脏和大血管

将心脏切开进行检查。对大血管也应剪开。特别是肠系膜动脉和静脉要剪开检查，注意是否有吸虫、线虫和绦虫的存在。对血液应作涂片检查。

日本分体吸虫的收集检查，应采用专用的方法，现介绍如下。

【操作步骤】

（1）动物经宰杀停止挣扎后，为防止发生血液凝固，影响虫体收集，应有 4 个人分别从四条腿开始从速进行剥皮。

（2）事毕，将牛头弯转至牛体左侧，使牛仰卧呈偏左倾斜姿势，剖开胸腔及腹腔，除去胸骨。

（3）分开左右肺找出暗红色的后腔静脉进行结扎。

（4）在胸腔紧靠脊柱的部位找到白色的胸主动脉，术者左手将其托起，右手用尖头剪刀取与血管平行的方向剪一开口，然后将带有橡皮管的玻璃接管以离心方向插入，并以棉线结扎固定，橡皮管的一端与压缩式喷雾器相接，以备进水。

（5）在肾脏后方紧贴脊柱处，同时结扎并列的腹主动脉与后腔静脉，以免冲洗液流向后躯其他部分。

（6）在胆囊附近，肝门淋巴结背面，细心地分离出门静脉，向肝的一端紧靠肝脏处先用棉线扎紧，离肝的一端取与血管平行的方向剪一开口（应尽可能靠近肝脏，以免接管进入门静脉的肠支，而影响胃支中虫体的收集），插入带有橡皮管的玻璃接管，并固定之。为防止血凝，接管内应事先装满5%的枸橼酸钠溶液，在插入接管时此溶液即倾入血管中。

（7）橡皮管的一端接以铜丝网筛，以备出水时收集虫体，手术结束后，即可启动喷雾器注入0.9%加温至37~40℃的食盐水进行冲洗，虫体即随血水落入铜丝网筛中，直至水液变清，无虫体冲出为止（表1-12）。

表1-12　不同宿主动物的其他器官寄生虫种类

寄生虫	宿主动物						寄生部位
	反刍动物	猪	马	犬	兔	禽	
血吸虫	√	√		√	√	√	门静脉系统的小血管、肠系膜静脉
囊尾蚴	√	√					肌肉、脑
细颈囊尾蚴	√	√					浆膜、大网膜、肠系膜
豆状囊尾蚴					√		肝脏、肠系膜、腹腔
脑多头蚴	√	√					脑、脊髓
旋毛虫		√		√			横纹肌
丝状线虫	√		√				腹腔、颈椎腰椎、眼前房
犬恶丝虫				√			心脏

以上剖检法的工作量极大，因此在某些情况下，为了不同的目的，可采取针对个别寄生虫（即对某一种寄生虫）的剖检方法。

动物死亡或为剖检而屠宰时，均应进行蠕虫计数，确定不同种类蠕虫的寄生数量。对于发现的虫体，要按种类分别计数，统计其感染率和感染强度。剖检时，需填写如表1-13记录。

表 1 – 13 动物剖检寄生虫分类记录

日期		编号		动物种类	
品种		性别		年龄	
动物来源		动物死因		剖检地点	
主要病理剖检变化			寄生虫总数	吸虫	
				绦虫	
				线虫	
				棘头虫	
				昆虫	
				蜱螨	
寄生虫类和数量	寄生部位	虫名	数量	寄生部位	虫名	数量
备注				剖检者:		

寄生虫镜检图的识别，可参见图 1 – 25、图 1 – 26、图 1 – 27、图 1 – 28、图 1 – 29、图 1 – 30、图 1 – 31、图 1 – 32、图 1 – 33、图 1 – 34。

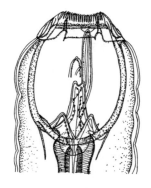 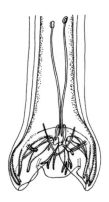

图 1 – 25　马圆形虫

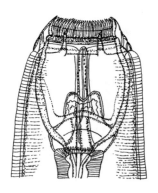 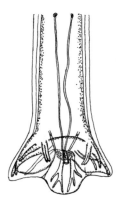

图 1 – 26　普通圆线虫

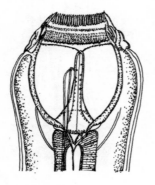

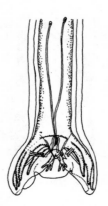

图 1 - 27　无齿圆线虫

图 1 - 28　马歇尔线虫

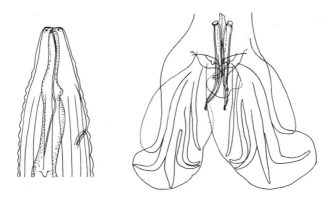

图 1 − 29 捻转血矛线虫

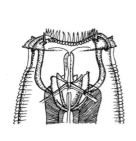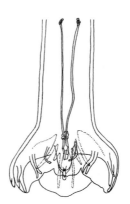

图 1 − 30 细颈三齿线虫

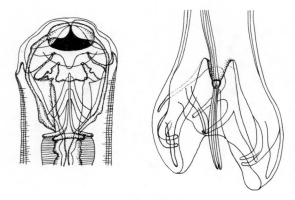

图 1 – 31　羊仰口线虫

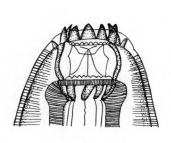
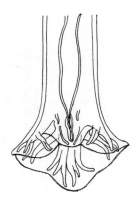

图 1 – 32　锐尾盆口线虫

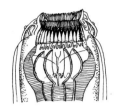
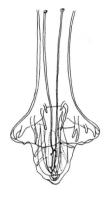

图1-33 头状辐首线虫

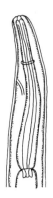
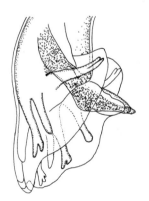

图1-34 丝状网尾线虫

第四节　蠕虫的保存和染色

一、线虫的保存

线虫的角质层非常厚，因此，最好用热溶液固定。

【操作步骤】

（1）70%的乙醇或3%～5%的福尔马林溶液应加热至70～80℃。

（2）将线虫置于生理盐水中振摇，期间换水2～3次，充分清洗后，投入热固定液中。

（3）待固定液冷却后，将它们贮存于清洁的同一液体中。

对于大多数实验，宜用Bouin氏固定液（见附录Ⅱ）。该固定液中含有的冰醋酸，对胶原纤维等组织有膨胀作用，而甲醛对组织有收缩作用。两种试剂的混合使用，用以抵消彼此间的副作用。使组织达到优良的固定水平。这种溶液稀释1倍后贮存线虫最为适宜。

二、绦虫的保存

为了使绦虫保持良好的伸展姿势，需进行下述的保存操作，以便于日后检查。

【操作步骤】

（1）在固定之前，先将绦虫放在1%氯化钠溶液中清洗，注意不要破坏绦虫的完整性，也不能使它们互相缠结在一起。

（2）将绦虫在乌拉坦盐水（含有1%氨基甲酸乙酯）中放置片刻，使其松弛。

（3）置于Bouin氏固定液（见附录Ⅱ）中固定。

此时，可以把虫体夹在两块玻片之间；也可用镊子将虫体后端夹住，在固定液中牵引摆动，或者在固定液中反复浸泡数次，每次浸泡之后，将虫体提悬倒挂。

三、吸虫的保存

【操作步骤】

（1）将吸虫放在1%氯化钠溶液中用力摇动，并以甲醛盐水代替盐水，继续摇动。这样用力摇动，可防止虫体收缩。

（2）用5%福尔马林固定另外一种有用的固定液的组成是：85%乙基乙醇85份，40%福尔马林10份及冰醋酸5份。

四、蠕虫的通用染色法

蠕虫包括吸虫、绦虫、线虫和棘头虫，它们均可按照下述方法进行染色操作。

【操作步骤】

（1）首先将蠕虫按上述各自的方法固定，然后转至70%乙醇中。

（2）将虫体置于梅耶氏副洋红染液（附录Ⅱ）中染色24h。

（3）用70%乙醇清洗后，置于酸性乙醇中分化。这一操作程序应在显微镜监视下进行，分化完成时，将其转到70%乙醇中。

（4）将虫体置于下列系列乙醇液中脱水：70%乙醇更换3次，每次15min；95%乙醇1h；无水乙醇更换3次，每次15min。

（5）在二甲苯中透明以后，用加拿大树胶封固剂封固。

可用于吸虫和绦虫的另两种染色方法是 Ehrlich 苏木精染色法和 Gemori 三色染色法。一般认为吸虫最好用 Ehrlich 苏木精

（见附录Ⅱ）染色，绦虫则用 Gemori 三铬（见附录Ⅱ）染色。

五、尾蚴的固定和染色

按照下述方法可以获得较好的标本。

【操作步骤】

（1）将尾蚴置于盖玻片下压扁，但勿使其破裂。

（2）用吸水纸吸去水分。

（3）在载玻片上滴加1%甲醛盐水，使其吸入盖玻片下，不断均匀用力挤压。

（4）尾蚴死亡后，将会发现有些尾蚴附着在盖玻片或载玻片上，粘在盖玻片上的那些是由于固定液过多而悬浮起来所致。

（5）将这些尾蚴清洗后，放在硼砂 – 洋红染液（见附录Ⅱ）或 Delafield 苏木精（附录Ⅱ）中染色。不论尾蚴是粘附于载玻片上或者盖玻片上，均可制成永久性标本。

雷蚴和胞蚴可按上述用于尾蚴的方法进行处理，但它们更容易破裂。最好先放在1%氯化钠溶液内清洗，再在5%福尔马林盐水中固定，最后用硼砂卡红或 Delafield 苏木精染色。

（项海涛、骆学农、温峰琴）

第二章 蜱螨及昆虫检验技术

蜱、螨列于蛛形纲，而蝇、虱等列于昆虫纲，二者均属于节肢动物门，主要特征是具有坚实的外骨骼和分节的附肢。昆虫纲的成虫有 3 对附肢，蛛形纲的蜱螨成虫则有 4 对附肢。许多的节肢动物在医学及兽医学上具有重要的意义，因为它们既可以自身作为外寄生虫或内寄生虫直接损害人或动物，又能作为病原媒介，传播包括细菌、病毒、原生动物和蠕虫等病原。

蜱和螨都产卵，并可发育成幼虫（3 对跗肢）和与成虫相似的若虫（4 对跗肢）。昆虫则可分为两类：内翅类（蝇、虻、蚊、蚋等），生活史包括卵、幼虫和蛹等期，在蛹期中长出翅膀，最后昆虫作为完全成形的成虫而出现，即完全变态发育；外翅类（虱、舌形虫等），卵孵化成与成虫相似的若虫，若有翅膀，在每一阶段都比较明显。

第一节 蜱螨及昆虫的采集方法

一、蜱的采集

对于蜱类的采集，一般可采用以下几种方法。

（一）检查宿主体表

蜱类每一个发育期均需要吸血，而且宿主广泛。在家畜和野生哺乳动物体表，要注意检查：耳朵、眼睑、脸、口围、颈部、肉垂、腋下、腹部、乳房、阴囊、肛围、股内侧、尾根等部位。在绵羊或牛，在腋下和腹股沟区，以及颈部或胸部最容易找到蜱。

对于捕获的啮齿类动物，可置于细密的白布袋内带回检查，以小镊子拨开体毛，沿毛根推进，检查全身，尤其注意耳壳内、足趾间及尾根处。

对于鸟类，同样以布袋装好带回室内，以小镊子翻拨羽毛检查，注意头部、腿根及翅膀等处。

对于爬行类（蛇、龟、巨蜥等）及两栖类动物，着重检查头部和背部，并拨揭鳞片仔细检查。

所有正在采食的3个阶段（幼虫、若虫、成虫）的蜱，都可以小心地从宿主身上采集下来。重要的是不要引起损伤，尤其要避免蜱的口器损坏宿主皮肤。简单有效的方法是：牢固握住假头，但要轻一点，用镊子将蜱翻成嘴部朝下，然后迅速地垂直从皮肤上拔出来。必要时可事先涂以乙醚等药物，待麻醉后再将蜱拔出。

（二）检查宿主动物圈舍巢穴

有些蜱通常生活在动物的栖息之处：包括家畜的圈舍、野生动物（特别是啮齿类）的巢穴、鸟窝以及蝙蝠洞等。在家畜的圈舍，应注意检查石块下及墙面和木栏的缝隙；对野生动物的巢穴，应收集其内容物或土壤，如动物巢穴不便挖掘时，可用带长柄的小勺采取巢穴内容物。内容物可放入致密的布袋内，带回实验室详细检查，这样往往可以同时得到大量不同时期的蜱。

（三）野外采集

很多种类的蜱在未找到宿主之前，常在野地草上或灌木叶面上静候，以便爬上宿主动物。为了收集野地上的蜱，可用一正方形（1m×1m）白绒布，一对边各缝成桶状，当中穿以木杆，在一边的木杆两端系一根绳，方便在前面拖动。未采食的"瘪"蜱可以通过在地上拖动这样的白绒布装置慢步行走而进行收集，每走动50～100m，将拖动的绒布翻转过来检查一次。在白绒布上暗色的蜱很容易被发现。这种方法适用于草原或较平坦的河谷地带。

在地势不平坦的林区或山地灌木丛，则可制作一边穿以木杆的旗子式样的白绒布，行走时反复摆动。最好在早上九、十点钟以后进行，避免露水将绒布打湿。

此外，野外采集还可以动物诱捕。即将驯养的犬带到野外，每隔一段时间，检查其身体上感染的蜱，加以收集。

若要饲养活蜱，应将它置于湿度饱和的环境中。为此，可给盛装蜱的小瓶塞以潮湿的脱脂棉塞。蜱即使在装有一半水的试管中，也能存活48h之久。

二、螨的采集

在采集标本前应首先找到寄生部位，不同种类的螨寄生在不同的部位，同时也应该了解，不同季节螨的寄生部位也不同。

（一）痒螨

痒螨属的寄生性螨虫在牛与马属动物，通常是侵染被毛密集的鬐甲部、臀部和背部皮肤，但也会侵害耳朵引起头部、尤其是马头摆动。早期的损害也见于颈背部和尾根。损伤可迅速蔓延融合而遍及全身，这种损害开始是湿的，并带有油脂，但很快就会变干结痂，皮肤发生皱纹、脱毛或破裂，并由于自身摩擦而导致出血性的表皮脱落。

而绵羊身上的痒螨，在秋、冬、春三季及还没有剪毛之前，羊全身几乎都有螨的存在。但夏季，特别是在春季剪毛之后，螨大部分寄生在腿和颈部皮肤的皱褶处、眼窝部、耳壳内面、乳房和公羊阴囊及包皮上，并且会产生浆液性渗出物，这些渗出物可迅速干燥而形成厚痂，此病即所谓的羊疥癣。

在兔和山羊，痒螨可引起耳朵溃烂，在严重的病例，会散布到全身。

（二）疥螨

疥螨引起人和大多数动物的疥螨病。

在牛和马，与痒螨大不相同的是，疥螨通常侵害无毛的部位（或皮肤柔软且短毛部位），如大腿的内侧面。

在小猪和公猪可能侵害阴囊，母猪则是乳房和耳朵。

在狗和猫，疥螨常寄生其腹部、耳尖和头部。

疥螨对于所有动物它都会散布到全身，引起严重的刺激和搔痒，导致畜禽脱毛、有红斑损伤及表皮脱落。

（三）蠕形螨

蠕形螨属的寄生虫可侵染大多数的动物，可寄生于猪、羊、猫、犬、马、兔等动物的毛囊内，所以一般俗称"毛囊虫"。在全身大多数部位，特别是两侧的下部，引起鳞状或小脓疱状的损伤。除脓疱性螨病以外，在受侵染的宿主很难找到螨。

（四）其他属螨虫

足螨属的寄生虫在牛和马，初开始通常侵害尾根，有细小的皮屑覆盖，但是可以散播，引起严重的刺激，特别是对阴囊或乳房；也可侵害荐骨区域。在绵羊，足螨通常侵染系部，但也会引起严重的阴囊螨病。牛足螨主要侵害尾根、肛门附近及蹄部；马足螨主要侵害四肢球节部；绵羊足螨主要侵害蹄部及腿外侧；山羊足螨主要侵害颈部、耳及尾根；兔足螨主要侵害外耳道。

背肛螨属的寄生虫寄生于猫和兔的爪子和耳朵上，而实验动物特别是大鼠一般是耳朵和尾部。

耳痒螨属有犬耳痒螨和猫耳痒螨，寄生于犬、猫的耳内。

膝螨属螨虫侵染禽类的皮肤。鸡膝螨侵害全身皮肤，突变膝螨则常寄生于腿部鳞片中引发炎症，球柱膝螨可侵染虎皮鹦鹉的蜡膜或喙。

存在上述的各种螨虫的一种标志是，宿主对术者接触搔擦受到侵害的皮肤有所反应，此时它轻咬舌头或者自行搔抓。用手抚摸皮肤可帮助发现螨的寄生部位。在螨寄生的地方，皮肤不平和粗糙，稍变厚，有时有水肿。

在详细检查病畜全身，找出患病部位以后，在新发病的部位与健康部位交界的区域，剪去长毛（剪下的毛要烧掉），肉眼观察寄生部位可能看出比较大的螨，如痒螨，但是大多数病例需要采集刮屑进行实验室检查。采集皮屑的部位应选在交界区域进行。一般应将被毛或绒毛剪掉，但有时也可保留，用来检查螨或其他的寄生虫。

对于疥螨，刮屑应从无毛区的边缘或有瘙痒反应和已见到疱疹的部位采集。用液体石蜡湿润皮肤是很有用的，这样可使刮屑粘附在手术刀上不被吹掉。在皮肤的深部可找到疥螨，握刀片的角度要正确，将皮肤刮到稍微渗出血液为止。在怀疑患有痒螨或足螨的动物，要使用锋利的解剖刀，将刀片握成锐角，将外部的表皮和毛根分次刮下来。应当将样品转移至或直接刮于可以塞严的小试管或可自行密封的塑料袋中。操作中应防止散布病原。

在怀疑狗、猫和兔患有耳疥癣时，可用镊子夹住棉拭子，将结痂的材料分离下来。有时在溃疡引起疼痛的病例，给予少量全身麻醉剂，可能有助于从外耳里面深部采集皮痂。

蠕形螨检查时可先在动物体四肢的外侧面、腹部两侧、背部、眼眶四周、颊部和鼻部的皮肤的丘疹和肿瘤上压挤，可以看到浓汁样的分泌物或者淡黄色干酪样团块。可将上述挤出物挑于载玻片上，滴加生理盐水 1~2 滴，均匀涂成薄片，盖上盖玻片，置于显微镜下检查。一般可发现蠕形螨的成虫、若虫、幼虫以及虫卵。

在脓疱性的蠕形螨病例，通常会有很多螨，这在检查挤压或切开脓疱所得到的干酪样内容物时可以证实。在有鳞状损伤的病例，必须采集深部的刮屑。如果是落屑型病例，可将患部刮取的皮屑浸于 10% 的氢氧化钠溶液内 2h，然后移于显微镜下，在暗视野条件下检查，可获得较好的观察效果。

三、昆虫的采集

（一）小型外寄生虫

采集小型体外寄生虫如虱、蚤等，常用的器械是眼科镊子和一倒置的玻璃收集管。在小动物，尤其是在现场刚宰杀的动物，一种简单的方法是将温暖的尸体装入塑料袋中，各种各样的寄生虫在袋中离开宿主时即可被捕捉。在许多情况下，可以避免宰杀动物，只将它装入含有少许氯仿的袋子即可。实验室的小昆虫比较容易处理，可使用抽吸装置（图 2-1），以嘴或空气泵抽气，使昆虫少受损害而被吸入玻管中。

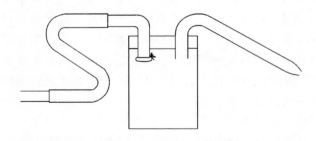

图 2-1　抽吸装置（用于收集小昆虫）

（二） 蝇类和较大昆虫

飞行的昆虫可用手网捕捉，具体方法依各种昆虫的习性而定。在建筑物、动物或植物上停留的蝇类，最好是挥动直径20cm的网子单独捕捉。对成群飞行的，特别是通过动作可以吸引的那些昆虫，例如扰齿股蝇，最好是用直径50cm的风筝型网子，在操作者头的上方按8字形连续挥动2～3min进行捕捉。

有些研究工作可能需要连续采样，有些蝇类，如象虻（马蝇），可应用诱捕装置大量捕捉。这种装置是由高出地面1m的一间拱形小草棚而构成，草棚的下方是一装有空心木块或小丸、缓慢释放二氧化碳的箱子，其上悬挂有黑色或红色的球状物。对在腐肉或粪堆上采食或排卵的蝇类，可用直径25cm的圆形网捕捉，这种网子的底部是倒置的圆锥形（图2-2）。蝇类受到置于锥形底部的诱饵吸引，即朝向光线飞入诱捕网中。

在某些情况下，一些特殊的方法是有用的；例如牛皮蝇幼虫可以小心挤压活畜的皮肤或从屠宰场刚剥下的皮肤采集。

昆虫或螨类处于在土壤、树林枯落枝叶或粪便中的各种发育阶段时，可以应用贝氏漏斗（一种附加有驱赶作用的分离集虫器）捕捉。这种漏斗的主要构造是一带有打上孔眼网筛诱捕装置的金属漏斗，其中装有枯落的树叶。将漏斗加温，通常是包上水套，由于昆虫的幼虫、螨类和其他节肢动物的活动性增高，它们可通过网筛诱捕装置掉入容器中。这种方法比较简便，将漏斗放在置于水上的金属诱捕装置中，适合用于采集大量现场样品（草皮或粪便上的）。在诱捕装置上面几厘米处安上电灯，提供光线和热度，驱赶正在活动的节肢动物，也可使它们通过金属丝网落入水中。

采集土壤中昆虫的其他方法是利用可使土中蝇类幼虫漂浮起来的浓盐水溶液；还有，过筛的方法也有使用价值，还可以用驱

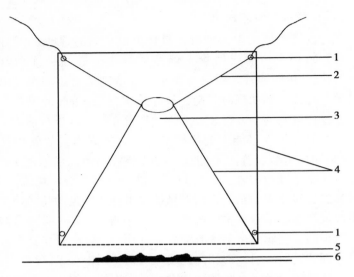

图 2 - 2　诱捕装置（诱捕蝇类和较大昆虫）

1. 金属环；2. 悬挂线；3. 漏斗型入口；4. 筛网；5. 底部开口；6. 诱饵

虫剂从土中回收小型节肢动物。采集物以及供研究用的单个标本保存于 70% 乙醇或 10% 甲醛生理盐水中。

第二节　蜱螨及昆虫的检查和鉴定

一、检查方法

（一）刮取物中螨的检查

1. 直接检查法

直接检查的方法有很多，检验人员可以根据自己实验室的条件选择合适的方法进行检查。

（1）活螨应根据各种螨的生物学特性进行检查。无论是痒螨还是疥螨，两者对于温度升高很敏感。根据这一特点，把皮屑或刮下物放在黑纸上，温度加热到 25～30℃ 时螨就开始活动，很容易发现螨虫的存在。

（2）刮取物弄碎后放在平皿里，稍加热，用扩大镜或解剖镜在干燥的情况下进行检查。痒螨在经过 3～9min 即开始活动，疥螨活动较慢，需要经过 1～3h，在此期间重复检查。

（3）将病料散放在一块玻璃板上，铺成薄层，病料四周应涂少量凡士林，防止疥螨爬散。为了促使疥螨活动，可将玻璃板稍微加温，然后用低倍镜检查，如有虫体可以见到它们在绒毛和皮屑之间爬动。

（4）将收集的皮屑放在载玻片上，滴上几滴煤油，然后盖上另一个载玻片。这样的皮屑在煤油的影响下，变得稍软而透明。以轻轻的压力搓动两张载玻片，使刮下物变薄，待皮屑透明后放在低倍镜下检查。此法能较容易的发现螨，操作简便，能较快的完成多样品的检测。

（5）送检材料不多时，可将样本放在载玻片上，用一滴 10% 氢氧化钾溶液混合，加热，然后用解剖针轻轻按压，可能查出螨虫。让标本澄清 5～10min 后，在显微镜下，任何螨虫都很容易看到。

2. 消化法

将上述的刮取物放于试管中，并用 10% 氢氧化钾溶液覆盖；然后将试管竖放于有水的烧杯中，浸泡 12h 或煮沸 5～15min。而后，皮屑部分可被溶解或软化。加热的样品须让液体冷却，以 2 000r/min 离心 2min，使螨虫沉淀下去。一般比较小的虫种可能需要继续离心或提高转速。离心后，快速倾弃上清液，由管底吸取沉渣，滴于载玻片上，加上盖玻片，即可放在显微镜下检查。有时还能发现幼虫和虫卵。应当记住，非常小的螨可能隐藏于表面的泡沫里面。

3. 漂浮法

（1）法伊德氏法：将刮下物倒入盛有水的试管里（刮下物1份、水2份），在水浴锅内加热至50~60℃，经15~20min后，加入3份甘油，放置1h或离心处理15min，大部分的螨即可漂浮在液体上面。可用铁丝圈挑取液面的螨放在显微镜下检查。

（2）杜皮宁氏法：将0.2~0.5g的刮下物放入试管，加入少量10%氢氧化钾溶液。液体不能高于1cm。在酒精灯上加热1~2min，然后放在三脚架上静置3~5min，随后加入55%的糖溶液或60%的硫代硫酸钠溶液，经5min后螨及其卵都漂浮在液体表面，用直径7~8mm的铁丝圈把它们移于载玻片上进行检查。

二、鉴别要点

（一）蜱

蜱又称壁虱，俗称狗鳖、草别子、牛虱、草蜱虫、狗豆子、牛鳖子，生物学分类上属于蜱螨亚纲，寄螨目，蜱亚目，蜱分为3个科：硬蜱科、软蜱科和纳蜱科。全世界已发现的800余种，其中硬蜱科约700种，软蜱科约150种，纳蜱科1种。我国已记录的硬蜱科约100种，软蜱科10种。其中最常见的、危害性最大的是硬蜱科寄生虫，其次是软蜱科，而纳蜱科不常见。通常，成虫在躯体背面有壳质化较强的盾板，通称为硬蜱，属硬蜱科；无盾板者，通称为软蜱，属软蜱科。

两科的主要区别如下。

硬蜱科：体部背面有几丁质的盾板，覆盖背面全部或前面一部分；假头位于躯体前端，从背面可见。

软蜱科：背面无盾板，均为革质表皮，假头位于躯体腹面前方，从背面看不见。

硬蜱与软蜱形态特征的鉴别要点可参照表2－1。

表2－1　硬蜱与软蜱形态特征的鉴别与比较

	硬蜱	软蜱
1. 颚体	在躯体前端，从背面能见	在躯体前部腹面，从背面不能见
2. 颚基背面	有1对孔区	无孔区
3. 须肢	较短，第四节嵌在第三节上，各节运动不灵活	较长，各节运动很灵活
4. 躯体背面	有盾板，雄者大，雌者小	无盾板。体表有许多小疣，或具皱纹、盘状凹陷
5. 基节腺	退化或不发达	发达。足基节Ⅰ、Ⅱ之间，通常有1对基节腺开口
6. 雌雄蜱区别	雄蜱体小盾板大，遮盖整个虫体背面；雌蜱体大盾板小，仅遮盖背部前面	区别不明显

1. 硬蜱

长卵圆形，背腹扁平，呈红褐色或灰褐色，从芝麻粒大到米粒大。雌虫吸饱血后，虫体膨胀可达蓖麻籽大。

硬蜱头、胸、腹愈合在一起，不可分辨，仅按其外部附器的功能与位置，区分为假头与躯体两部分（图2－3）。

假头：平伸于躯体的前端，由一个假头基、一对须肢、一对螯肢和一个口下板组成。假头基呈矩式、六角形、三角形或梯形。雌蜱假头基背面有一对椭圆形或圆形，由无数小凹点聚集组成的孔区。假头基背面外缘和后缘的交接处可因蜱种而有发达程度不同的基突。假头基腹面横线中部位常有耳状突。须肢分四节，第一节较短小与假头基前缘相连接，第二、第三节较长，外侧缘直或凸出，第三节的背面或腹面有的有逆刺，第四节短小，

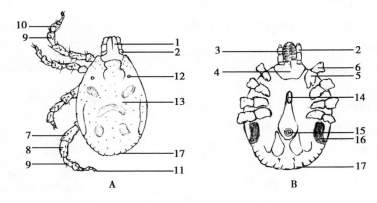

图 2 - 3　硬蜱的模式

A. 背面；B. 腹面

1. 螯肢；2. 须肢；3. 口下板；4. 假头基；5. 基节；6. 转节；7. 股节；
8. 胫节；9. 后跗节；10. 跗节；11. 爪；12. 眼点；13. 背板；
14. 生殖孔；15. 肛门；16. 气门板；17. 缘垛

嵌生在第三节腹面的前端，其端部具感毛称触须器。螯肢位于须肢之间，可从背面看到，螯肢分为螯杆和螯趾，螯杆包在螯鞘内，螯趾分为内侧的动趾和外侧的定趾。口下板的形状因种类而异，在腹面有呈纵列的倒齿，每侧的齿列数常以齿式表示，端部的齿细小称为齿冠。

躯体：硬蜱在躯体背面有一块盾板，雄虫的盾板几乎覆盖整个背面，雌虫、若虫和幼虫的盾板呈圆形、卵圆形、心脏形、三角形或其他形状，仅覆盖背面的前方。盾板前缘两侧具肩突。盾板上有一对颈沟和一对侧沟，还有大小、深浅程度和分布状态不一的刻点。躯体背面的后半部，在雄蜱及雌蜱都有后中沟和一对后侧沟。有些属硬蜱盾板上有银白色的花纹。有些属硬蜱有眼一对，位于盾板的侧缘。有些属硬蜱躯体后缘具有方块形的缘垛，通常为 11 个，正中的一个有时较大，色淡而明亮，称为中垛。有些属硬蜱躯体后端突出，形成尾突。硬蜱躯体腹面前部正中有一横裂的生殖孔，在生殖孔两侧有一对向后伸展的生殖沟。肛门位于后部正中，除个别属有例外，通常有肛沟围绕肛门的前方或后方。腹面有气门板一对，位于第四对足基节的后外侧，其形状因种类而异，是分类的重要依据。有些属的硬蜱雄虫腹面尚有腹板，其板片数量、大小、形状和排列状况也常用为鉴别蜱种的特征。

硬蜱的成虫和若虫有足 4 对，幼虫 3 对。足由 6 节组成，由体侧向外依次为基节、转节、股节、胫节、后跗节和跗节。基节固定于腹面，其后缘通常裂开，延伸为距，位于内侧的叫内距，位于外侧的叫外距，距的有无和大小是重要的分类依据。转节短，其腹面有的有发达程度不同的距，在某些属蜱第一对足转节背面有向后的背距。跗节上有环形假关节，其末端有爪一对，爪基有发达程度不同的爪垫。第一对足跗节接近端部的背缘有哈氏器为嗅觉器官，哈氏器包括前窝、后囊，内有各种感毛，可作为鉴别蜱种的特征。

全世界已发现的蜱类有 800 多种，我国已发现的硬蜱有 100 多种，分别隶属于 9 个属：牛蜱属、硬蜱属、扇头蜱属、血蜱属、璃眼蜱属、革蜱属、花蜱属、盲花蜱属和异扇头蜱属。其中前 7 个属与兽医学关系较为密切，简易的鉴定方法可结合硬蜱简易鉴别图（图 2 - 4）按下列步骤进行：

由于未饱血的雄蜱较易观察，可根据盾板的大小选择雄蜱进行鉴定（观察顺序不可变动）。

第一步，观察肛门周围有无肛沟。

如无肛沟又无缘垛则可鉴定为牛蜱属。如有肛沟则继续观察。

第二步，观察肛沟位置。

如肛沟围绕肛门前方则为硬蜱属。如肛沟围绕肛门后方则继续观察。

第三步，观察假头基形状。

如假头基呈六角形（扇形）且有缘垛则为扇头蜱属。如假头基呈四方形、梯形等则继续观察。

第四步，观察须肢的长短与形状。

如须肢宽短，第二节外缘显著地向外侧突出形成角突；且无眼则为血蜱属（个别种类须肢第二节不向外侧突出）。如须肢不呈上述形状则继续观察。

第五步，观察盾板是单色还是有花纹，眼是否明显。

如盾板为单色，眼大呈半球形镶嵌在眼眶内，且须肢窄长则为璃眼蜱属。如盾板有色斑则继续观察。

第六步，如见盾板有银白色珐琅斑，腹面基节Ⅰ至Ⅳ渐次增大，尤其雄蜱基节Ⅳ特别大，符合者为革蜱属。

第七步，如见盾板也有色斑（少数种类无），体形较宽，呈宽卵形或亚圆形，须肢窄长，尤其是第二节显著长，符合者为花蜱属（如无眼则为盲花蜱属，寄生于爬虫类）。

另外，也可参照表2-2进行硬蜱各属的鉴定。

我国家畜体常见的硬蜱种类主要包括以下几种。

（1）微小牛蜱为小型蜱。形态特征为：无缘垛；无肛沟；有眼但很小，假头基六角形，须肢很短，第2、第3节有横脊；雄虫有尾突，腹面有肛侧板与副肛侧板各一对。主要寄生于黄牛和水牛，有时也止寄生于山羊、绵羊、马、驴、猪、犬和人等。一宿主蜱，整个生活周期仅需50d，每年可发生4~5代。在华北地区出现于4—11月。主要生活于农区，为我国常见种类。

（2）草原革蜱为大型蜱。形态特征为：盾板有银白色珐琅

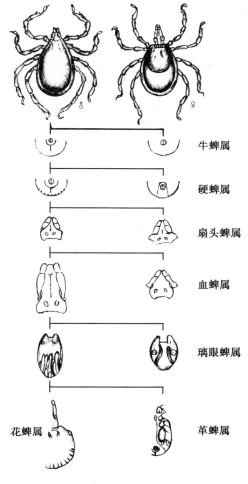

牛蜱属

硬蜱属

扇头蜱属

血蜱属

璃眼蜱属

花蜱属　　　　　　　　　　　　革蜱属

图 2 - 4　硬蜱简易鉴别

斑；有缘垛；有眼，假头基矩形，基突短小，转节 I 背距圆钝，

表2-2　硬蜱科各属的特征比较

部位特征	属名	硬蜱属	璃眼蜱属	花蜱属	革蜱属	血蜱属	扇头蜱属	牛蜱属
假头	雌虫背面							
	虫形	很长			比较短		很短	
	基部	梯形		近方形/三角形	矩形		六角形	
	脚须	狭窄		长而狭窄	大部分有棱角	部分有棱角	棱角大	棱角不明显
雌虫背甲		小，单色多数平滑，无深沟，无眼	在，表面多有点和深沟，眼大	小，淡色，有暗色花纹，有眼	很大，有银白色花纹，眼平浅，不显著	很小，单色，无眼	不大，等边或稍长，表面有斑点，眼不大	舌状延长，单色，无斑无沟，眼小
雄虫背甲		很小，边缘平滑，无缘饰，无眼	大，表面有深沟斑点，有缘饰，眼大	大，淡色，有暗色花纹，有缘饰，有眼	很大，多斑点，大理石样花纹，有缘饰	小，单色，斑点小，多半有缘饰，无眼	不大，有缘饰，常有尾突，眼小	很小，后缘不均等截断，眼小
雌虫肛沟								
		绕肛孔前方		绕肛孔后方				无肛沟
雄虫腹面	形状							
	基节I	完整，带有一刺	深裂为两支	完整，带有一刺	分裂为两支	完整，带有一刺	分裂为两支	完整/稍裂开
	腹板	有7块板	有3~4对，明显	后缘有小腹板	缺	缺	2对侧肛板大	相同的2对

基节Ⅳ外距不超出后缘，雄蜱气门板背突达不到边缘。成蜱寄生于牛、马、羊等家畜及大型野生动物，幼蜱和若蜱主要寄生于啮齿动物和小型兽类。三宿主蜱，一年发生一代，成蜱活动季节主要在3—6月，3月下旬至4月下旬最多，秋季也有少数成蜱侵袭动物，但仅叮咬而不大量吸血，绝大多数以饥饿成蜱在草原上越冬。

（3）森林革蜱为大型蜱。形态与草原革蜱相似，区别点为：雄蜱假头基基突发达，长约等于其基部之宽，末端钝，转节Ⅰ背距显著突出，末端尖细，基节Ⅳ外距末端超出该节后缘，雄蜱气门板长逗点形，背突向背面弯曲，末端伸达盾板边缘。成蜱寄生于牛、马等家畜，若蜱、幼蜱寄生于小啮齿类。一年发生一代，以饥饿成蜱越冬。常见于再生林、灌木林和森林边缘区。此外，在新疆尚可见到银盾革蜱。形态特征为盾板银白色珐琅彩浓密；气门板背缘有几丁质的粗厚部。

（4）残缘璃眼蜱为大型蜱。形态特征为：须肢窄长，眼相当明显，呈半球形，位于眼眶内。足细长褐色或黄褐色，背缘有浅黄色纵带，各关节处无淡色环带。雌蜱侧沟不明显，雄蜱中垛明显，淡黄色或与盾板同色，后中沟深，后缘达到中垛；后侧沟略呈长三角形；肛侧板略宽，前端较尖，后端圆钝，下半部侧缘略平形，内缘凸角粗短，比较明显；副肛侧板末端圆钝；肛下板短小；气门板大，曲颈瓶形，背突窄长，顶端达到盾板边缘。主要寄生于牛、马、羊、骆驼、猪等家畜也有寄生。二宿主蜱。主要生活在家畜的圈舍及停留处，一年发生一代，在内蒙古地区成蜱5月中旬至8月中旬出现，以6月、7月数量最多，成蜱在圈舍的地面、墙上活动，陆续爬到家畜体吸血，饱血雌蜱落地爬入墙缝内产卵，到8月、9月间幼虫由卵孵出，在圈舍内活动，陆续爬上宿主体吸血，蜕皮变为若蜱，若蜱仍叮附在宿主体上，经过冬季，到2—4月先后饱血落地，隐伏于墙缝等处蜕皮变为成蜱，在华北地区：也有一部分幼虫在圈舍墙缝附近过冬，到3—4月侵袭宿主。

（5）长角血蜱为小型蜱。无眼，有缘垛。假头基矩形。须肢外缘向外侧中度突出，呈角状，第3节背面有三角形的短刺，腹面有一锥形的长刺。口下板齿式5/5。基节Ⅱ～Ⅳ内距稍大，超出后缘。盾板上刻点中等大，分布均匀而较稠密。寄生于牛、马、羊、猪、犬等家畜。三宿主蜱。在华北地区，一年发生一代，成蜱4—7月活动，6月下旬为盛期，若蜱4—9月活动，5月上旬最多；幼蜱8—9月活动，9月上旬最多，以饥饿若蜱和成蜱越冬。

二棘血蜱与长角血蜱形态相当近似，区别点为二棘血蜱体型较小、盾板刻点细而较少，基节Ⅱ～Ⅳ内距较短。分布于东海及贵州、云南、浙江、江苏等地。

（6）青海血蜱。本种蜱为我国发现的新种，它的形态与日本血蜱近似，区别点为此种蜱须肢外缘不明显凸出，呈弧形而不呈角状；各跗节（尤其跗节Ⅳ）较粗短，气门板长逗点形（♂）或椭圆形（♀）。主要寄生于绵羊、山羊体上，其他动物如马、野兔也有寄生。三宿主蜱，一年一次变态，需3个整年才完成一个生活周期。一年二个寄生季节，不论成蜱、若蜱、幼蜱，在每个寄生季节均能饱血，但幼蜱以秋季为主，成蜱以春季为主，若蜱春秋均等。主要生活于半农半牧或农区。

（7）血红扇头蜱大型蜱。有眼，有缘垛。假头基宽短，六角形，侧角明显。须肢短粗，中部最宽，前端稍窄。须肢第1、第2节腹面内缘刚毛较粗，排列紧密。雄蜱肛门侧板近似三角形，长为宽的2.5～2.8倍，内缘中部稍凹，其下方凸角不明显或圆钝，后缘向内略斜；副肛侧板锥形，末端尖细；气门板长逗点形。主要寄生于犬，也可寄生于其他家畜。三宿主蜱，整个生活周期约需50d，一年可发生3代。在华北地区活动季节为5月至9月，以饥饿成蜱过冬。生活于农区或野地。

（8）镰形扇头蜱。本种蜱的特征为雄蜱肛侧板呈镰刀形，内缘中部强度凹入，其下方凸角明显，后缘与外缘略直或微弯，副肛侧板短小，末端尖细。寄生于水牛、黄牛、羊、犬、猪等家畜。三宿主蜱，3—8月在宿主体上发现成蜱。常见于我国农区或山地。

2. 软蜱

虫体扁平，卵圆形或长卵圆形，虫体前端较窄。未吸血前为黄灰色；吸饱血后为灰黑色。饱血后体积增大不如硬蜱明显。背面无盾板，腹面无几丁质板，表皮为革状，雄蜱较厚而雌蜱较薄，表皮结构因属或种不同。雌雄形态极相似，雄蜱较雌蜱小，雄蜱生殖孔为半月形，雌蜱为横沟状。

软蜱科与兽医学有关的有两个属，即锐缘蜱属和钝缘蜱属（图2-5），它们的主要特征如下。

锐缘蜱属　体缘薄锐，饱血后仍较明显。虫体背腹面之间，以缝线为界，缝线是由许多小的方块或平行的条纹构成。如寄生于鸡和其他禽类的波斯锐缘蜱。

钝缘蜱属　体缘圆钝，饱血后背面常明显隆起。背面与腹面之间的体缘无缝线。如寄生于羊和骆驼等家畜的拉合尔钝缘蜱。

我国常见的软蜱种类主要包括以下两种。

（1）波斯锐缘蜱。呈卵圆形，淡黄灰色，体缘薄，由许多不规则的方格形小室组成。背面表皮高低不平，形成无数细密的弯曲皱纹；盘窝大小不一呈圆形或卵圆形，放射状排列（图2-6）。主要寄生于鸡，其他家禽和鸟类亦有寄生常侵袭人，有时在牛、羊身上也有发现。成蜱、若蜱有群聚性。白天隐伏，夜间

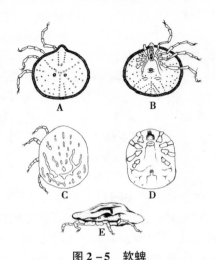

图 2 - 5 软蜱

A. 锐缘蜱背面；B. 锐缘蜱腹面；C. 钝缘蜱背面；

D. 锐缘蜱腹面；E. 钝缘蜱侧面

爬出活动，叮咬在鸡的腿趾部无毛部分吸血，每次吸血只需 0.5～1h。幼蜱活动不受昼夜限制，在鸡的翼下无羽部附着吸血，可连续附着十余天，侵袭部位呈褐色结痂，成蜱活动季节为3—11月，以8—10月最多。幼蜱于5月大量出现活动。分布于我国吉林、辽宁、内蒙古自治区、河北、山西、山东、陕西、甘肃、新疆维吾尔自治区、江苏、四川、福建、台湾。

另有一种翘缘锐缘蜱，它与波斯锐缘蜱区别点为体缘微翘，其上有略为整齐的细密皱褶指向中部；主要寄生于家鸽和野鸽，家鸡和其他家禽以及麻雀、燕子等鸟类也有寄生。也侵袭人。

（2）拉合尔钝缘蜱。土黄色，体略呈卵圆形；前端尖窄，形成锥状顶突，在雄虫较为明显，后端宽圆。表皮呈皱纹状，遍布很多星状小窝。躯体前半部中段有一对长形盘窝，中部有4个

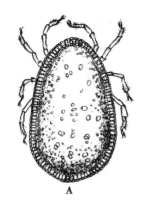

图 2 – 6　波斯锐缘蜱

A. 波斯锐缘蜱背面；B. 波斯锐缘蜱腹面

周形盘窝，后部两侧还有几对圆形盘窝。无肛后横沟。跗节Ⅰ背缘有 2 个粗大的的瘤突和一个粗大的亚端瘤突。主要寄生在绵羊，在骆驼、牛、马、犬等家畜也有寄生，有时也侵袭人。主要生活在羊圈内或其他牲畜棚内（鸡窝内也曾发现）。幼蜱通常在 9 月、10 月间侵袭宿主，幼蜱和前两期若蜱在动物体上吸血和蜕皮，长期停留。若蜱在整个冬季都寄生，3 月以后很少发现。成蜱也在冬季活动，白天隐伏在棚圈的缝隙内或木柱树皮下或石块下，夜间爬出叮咬吸血。分布于新疆维吾尔自治区。

还有一种乳突钝缘蜱，它与拉合尔钝缘蜱区别点为顶突尖窄突出；有肛后横沟；跗节背缘微波状瘤突不明显。一般寄生于狐、野兔、刺猬等中、小型兽类，有时也在绵羊、犬等家畜上发现，也侵袭人。分布于新疆维吾尔自治区和山西。

（二）螨

螨类属于蜱螨亚纲，种类很多，几乎地球上任何地方，包括沙漠、草原、山顶、河流、甚至温泉、河底、空中等都有螨的踪迹。它们有的是营自由生活，与人类毫无关系的种类，有的是寄生于植物，主要为害农作物及林木的种类；有的可在人类食物中繁殖，危害仓库粮食及各种食品的种类。有的螨类仅在吸血时才与宿主接触如革螨中的一些种类，有的仅在幼虫期才营寄生生活如恙螨类，它们除了因叮咬引起皮炎外，有的还可传播立克次氏体、病毒和细菌等引起的多种传染病。此外，有的螨还是裸头科绦虫的中间宿主，有的虽然营自由生活如粉螨类和尘螨类，但可引起尘螨性哮喘，过敏性皮炎及过敏性鼻炎等变态反应性疾病。

寄生于畜禽的一些种类中，有的是永久寄生虫如疥螨科、痒螨科的螨，它们引起畜禽的螨病。通常所称的螨病是指由于疥螨科或痒螨科的螨寄生在畜禽体表而引起的慢性寄生性皮肤病，又叫疥癣，俗称癞病。剧痒、湿疹性皮炎、脱毛、患部逐渐向周围扩展和具有高度传染性为本病的主要特征。

疥螨科与痒螨科中与兽医学密切有关的共 6 个属。

1. 疥螨科

体呈圆球形，体部无明显的横缝，在假头背面后方有一粗短的垂直刺，表皮有皱纹与刺，足粗短，足吸盘位于不分节的柄上，无性吸盘。分为 3 个属：疥螨属、背肛属和膝螨属，其中以疥螨属最为重要。

疥螨属　人疥螨（图 2 - 7），呈龟形，浅黄色，背面隆起，腹而扁平，腹面有 4 对粗短的肢；每对足上均有角质化的支条，第一对足上的后支条在虫体中央并成一条长杆，第三、第四对足上的后支条，在雄虫是互相连接的。足上的吸盘呈钟形。雄虫的生殖孔在第四对足之间，围在一个角质化的倒 "V" 形的构造中，雌虫腹面有两个生殖孔，一个为横裂，位于后两对肢前之中央为产卵孔，另一个为纵裂在体末端为阴道，但产卵孔只在成虫

时期发育完成。肛门为一小圆孔，位于体端，雌螨的肛门位于阴
道之背侧。犬疥螨、猪疥螨、骆驼疥螨、山羊疥螨、兔疥螨、马
疥螨等均为人疥螨的亚种。

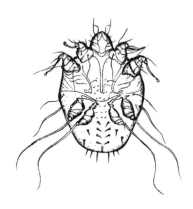

图 2 - 7　疥螨

2. 痒螨科

体呈椭圆形，假头后没有粗短的一对垂直刚毛，但有大而明
显的背盾板，位于体部后端。足较细长，足吸盘位于长而分节的
柄上，雄性肛旁具性吸盘，其体部后端中央凹陷，因而形成两个
突起。分为 3 个属：痒螨属、足螨属和耳螨属。其中以痒螨属最
为重要（表 2 - 3）。

表 2 - 3　疥螨科与痒螨科常见属鉴别要点

类别		足的特征		肛门位置
		雌	雄	
疥螨科	疥螨属	1、2 足有长柄不分节的吸盘	1、2、4 足有长柄不分节的吸盘	体末端
	背肛螨属	同上	同上	体背面
	膝螨属	足无吸盘	各足有长柄不分节的吸盘	体末端

（续表）

类别		足的特征		肛门位置
		雌	雄	
痒螨科	痒螨属	1、2 足有长柄分节的吸盘	1、2 足有长柄分节的吸盘	体末端
	足螨属	1、2 足有长柄不分节的吸盘	各足有短柄不分节的吸盘，第 4 足极小	体末端
	耳螨属	1、2 足有短柄的吸盘，第 4 足极小	各足有短柄吸盘，第 4 足较小	体末端

图 2 - 8　痒螨

马痒螨（图 2 - 8）呈长圆形，肉眼可见。透明的淡褐色角皮上具有稀疏的刚毛和细皱纹。雌、雄特征如属内所述。雄虫体末端有尾突上具长毛，腹面后端两侧有 2 个吸盘。雄性生殖器居第四肢之间，雌虫腹面前部正中有产卵孔，后端有纵裂的阴道，阴道背侧有肛孔。雌性第二若虫的末端有 2 个突起供接合用，在成虫无此构造。许多种动物都有痒螨寄生，它们形状上很相似，但彼此不易交互感染，即使感染，寄生时间也短，各种痒螨都被称为马痒螨的亚种。

背肛螨属　猫背肛螨近圆形，雌螨第一、第二对足，雄螨第一、第二、第四对足末端有吸盘，肛门位于背面，离体后缘较远，肛门四周有环形角质皱纹。还有兔背肛螨为猫背肛螨的亚种。猫背肛螨寄生于猫头部；兔背肛螨寄生于兔头部。

膝螨属　突变膝螨，雌螨近圆形，足极短，全无吸盘；雄螨卵圆形，足较长，足端均有吸盘。突变膝螨寄生于鸡和火鸡腿上无羽毛处及脚趾，引起石灰脚病。还有一种鸡膝螨比突变膝螨小，寄生于鸡的羽基部周围，并钻进羽干内，引起皮肤发红，羽毛脱落。

足螨属　牛足螨呈椭圆形，足长，前两对足较粗大，雄螨4对足及雌螨第一、第二、第四对足末端有酒杯状的吸盘，吸盘柄很短。雌螨第三对足仅有2根长刚毛；雄螨第四对足很不发达，雄螨体后端有2个尾突，每个尾突上长有4根刚毛，其中两根呈叶片状，尾突的前方腹面有2个棕色环状吸盘。寄生于各种动物的足螨形态都很相似，被看作是牛足螨的亚种。

耳螨属　犬耳痒螨呈长椭圆形，体表有稀疏的刚毛和细皱纹。雄螨全部足，雌螨第一、第二对足末端有吸盘。雌螨第四对足不发达，不能伸出体缘。雄螨体后端的尾突很不发达，每个尾突上有两长和两短4根刚毛，尾端前方的腹面有2个不明显的吸盘。另外还有猫耳痒螨亚种。

（三）蠕形螨

蠕形螨隶属蜱螨目、恙螨亚目、蠕形螨科、、蠕形螨属，寄生于宿主毛囊和皮脂腺内，亦称毛囊虫。蠕形螨为专一宿主寄生虫，不同宿主间的蠕形螨互不感染。主要种类有犬蠕形满、猪蠕形螨、马蠕形螨、牛蠕形螨、绵羊蠕形螨、山羊蠕形螨、猫蠕形螨、人毛囊蠕形螨等。

蠕形螨（图 2 - 9）狭长呈蠕虫样，大小为（0.20mm ~ 0.24mm）×（0.051mm ~ 0.068mm），呈半透明乳白色。虫体分颚体、足体和末体 3 个部分。颚体呈不规则四边形，由 1 对针状的螯肢，1 对须肢和 1 个口下板组成；足体部有 4 对粗短的足；末体部较长，表面具有明显的环纹。

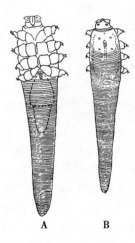

图 2 - 9　蠕形螨

A. 雌螨；B. 雄螨

（四）鸡皮刺螨

鸡皮刺螨（图 2 - 10）属于皮刺螨科，寄居于鸡、鸽、家雀等禽类的窝巢内，吸食禽血，有时也吸人血。严重侵袭时，可使鸡日渐消瘦，贫血，产蛋量下降；鸡皮刺螨还可传播禽霍乱和螺旋体病。

鸡皮刺螨呈长椭圆形，后部略宽；饱血后虫体由灰白色转为红色；雌螨长 0.72 ~ 0.75mm，宽 0.4mm，饱血后可长达 1.5mm，雄螨长0.6mm，宽0.32mm。体表有细皱纹并密生短毛；背面有盾板1块，前部较宽，后部较窄，后缘平直。雌螨腹面的胸板非常扁，前缘呈弓形，后缘浅凹，有刚毛2对；生殖腹板前宽后窄，后端钝圆，有刚毛1对；肛板圆三角形，前缘宽阔，有刚毛3根，肛门偏于后端。雄螨胸板与生殖板愈合为胸殖板，腹板与肛板愈合成腹肛板，两板相接。腹面偏前方有4对较长的肢，肢端有吸盘。螯肢细长针状。

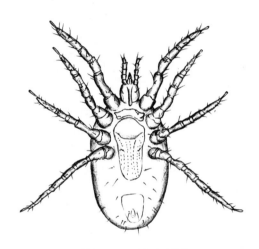

图2-10　鸡皮刺螨

此外，在禽体吸血的尚可有林禽刺螨（图2-11）和囊禽刺螨。林禽刺螨的鉴别特征为：盾板后端突然变细，呈舌状；盾板后端有1对发达的刚毛；肛板卵圆形，肛孔位于前半部；螯肢呈剪状。囊禽刺螨的鉴别特征为：盾板两侧自足基节Ⅱ水平后逐渐变窄，盾板后端有2对发达的刚毛，螯肢呈剪状。

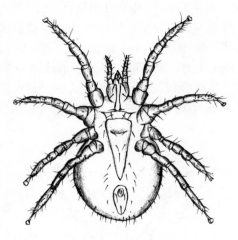

图2－11　林禽刺螨

（五）蝇

马胃蝇。成虫全身密布绒毛，形似蜜蜂。口器退化，两眼小而远离，触角短小，陷入触角窝内，触角芒简单，翅透明或有褐色斑纹，或不透明呈烟雾色。雄蝇尾端钝圆，雌蝇尾端具有较长的产卵管，并向腹面弯曲。虫卵是浅黄包或黑色，前端有一斜卵盖。成熟幼虫（第三期幼虫）呈红色或黄色，分节明显，每节有1～2列刺，幼虫前端稍尖，有一对发达的口前钩，后端齐平，有一对后气孔（表2－4）。

我国已发现的马胃蝇种类有：肠胃蝇、赤尾胃蝇、兽胃蝇、烦扰胃蝇，此外，还发现有无刺胃蝇及黑角胃蝇。

牛皮蝇。成虫外形似蜂，全身被有绒毛。头部具有不大的复眼和3个单眼。触角分3节，第三节很短，嵌入第二节内，触角芒无毛。口器退化不能采食。翅的腋瓣大。雌蝇的产卵管常缩入腹内。皮蝇幼虫寄生于黄牛、牦牛、犏牛、水牛等，偶而也可寄生于马、驴、山羊和人等。成熟幼虫（第三期幼虫），体粗壮，柱状，前后端钝圆，长可达 26～28mm，棕褐色。背面较平，腹面稍隆起，有许多疣状带刺结节，身体屈向背面。虫体前端无口钩，后端较齐，有 2 个气门板。

表 2－4　马胃蝇蛆第三期幼虫鉴定

特征	种类
①体节上无小刺	无刺胃蝇
体节的前缘上有一排小刺	烦扰胃蝇
体节的前缘上有 2 排小刺	②
②前排刺大，后排刺小	
自第七节起背面中部的小刺开始不全，至第九节两侧仅余 3～4 个小刺，第十节后无刺	兽胃蝇
自第九节起背面中部的小刺开始不全，至第十节的更少。第十一节以后无刺	赤尾胃蝇
自第十节起背面中部的小刺开始不全，至第十一节背面每侧只有 1～5 个小刺	肠胃蝇

　　我国常见的有牛皮蝇和纹皮蝇两种，有时常为混合感染。牛皮蝇成虫体长约 15mm，绒毛的颜色为胸部前端部和后端部为淡黄色，中间为黑色，腹部前端为白色，中间为黑色，末端为橙黄色；纹皮蝇成虫体长约 13mm，胸部的绒毛呈淡黄色，胸背部除有灰白色的绒毛外，还有 4 条黑色纵纹，纹上无毛。腹部前段为灰白色，中段为黑色，后段为橙黄色。

　　牛皮蝇第三期幼虫的最后 2 节背腹面均无刺，气门板向中心钮孔处凹入呈漏斗状；纹皮蝇第三期幼虫的倒数第二节腹面后缘有刺，气门板较平。

　　羊鼻蝇。成虫形似蜜蜂，长 10～12mm。头大呈半球形，黄色，两复眼小，相距较远；触角短小呈黑色，触角芒呈黄色；口器退化，不能采食。胸部黄棕色，有 4 条断续而不明显的黑色纵纹。腹部有褐色及银白色的斑点，翅透明。

第一期幼虫呈黄白色，长约 1mm，前端有两个黑色的口前钩，体表丛生小刺。第二期幼虫长 20 ~ 25mm，体表的刺不明显。第三期幼虫（成熟幼虫）呈棕褐色，长约 30mm。背面拱起，各节上具有深棕色的横带。腹面扁平，各节前缘具有数列小刺。前端尖，有两个强大的黑色口钩。虫体后端齐平，有两个黑色的后气孔。

除羊鼻蝇外，我国尚报道有幼虫寄生于马属动物鼻腔的紫鼻狂蝇和阔额鼻狂蝇，幼虫寄生于骆驼鼻腔和咽喉的骆驼喉蝇。

（六）虱蝇

虱蝇属于双翅目环裂亚目，虱蝇科，在国内常见的有蜱蝇属的羊蜱蝇和虱蝇属的犬虱蝇。

羊蜱蝇　体长 4 ~ 6mm。头部和胸部均为深棕色，腹部为浅棕色或灰色。体壁呈革质的性状，遍生短毛。头扁，嵌在前胸的窝内，因此前足居头之两侧。复眼小，呈新月形。额宽而短，顶部光滑，无单眼，触角短缩于复眼前方的触角窝内。刺吸式口器。触须长，其内缘紧贴喙的两侧，形成喙鞘。无翅和平衡棍。足粗壮有毛，末端有一对强而弯曲的爪，爪无齿。腹部不分节，呈袋状。雄虫腹小而圆，雌虫腹大，后端凹陷。

羊蜱蝇为绵羊体表的永久性寄生虫。雌蝇胎生。交配后 10 ~ 12d 开始产出成熟幼虫，幼虫呈白色圆形或卵圆形，粘附于羊毛上，不活动。雌蝇每次只产一个幼虫，隔 7 ~ 8d 产一次，一生可产 5 ~ 15 个幼虫。成熟幼虫排出后迅速变蛹，蛹呈红棕色卵圆形，长 3 ~ 4mm。经 2 ~ 4 周，蛹羽化为成蝇。一年可繁殖 6 ~ 10 个世代。雌蝇可生活 4 ~ 5 个月。成蝇离开宿主只能活 7d 左右。主要通过直接接触感染。羊蜱蝇寄生于羊的颈、肩、胸及腹部等处吸血。感染严重时，使绵羊不安，摩擦啃咬，因而损伤皮毛，有时给皮肤造成创伤，可能招致伤口蛆症，或造成食毛癖。羊毛干枯粗乱，易于脱落，被蜱蝇粪便污染的羊毛，品质降低。羊蜱蝇还能传播羊的虱蝇锥虫，系绵羊的一种非致病性锥虫。羊蜱蝇可叮咬人。

犬虱蝇　体长约 8mm。黄棕色。体壁革质，体表毛少。头部和胸部扁平。有两个大的复眼，无单眼。触角短，呈球形，只有两节（第 1~2 节愈合），隐于窝内。触须长，内侧有槽居喙两侧作为喙鞘。翅发达，透明有皱褶，翅脉多集中于翅的前缘近基部处；静止时两翅重叠。足粗壮，有爪。腹部大，分节不明显，呈袋状。犬虱蝇主要侵袭犬，亦可侵袭猫、狐狸、豹等，有时亦咬人。雌蝇产成熟幼虫于墙缝中。成熟幼虫迅速变蛹，蛹呈黑色，经 4~6 周羽化为成蝇。成蝇出现于夏季，在有阳光天气侵袭动物。成蝇飞翔力弱，只能飞几米远的距离。除犬虱蝇外，还有马虱蝇、牛虱蝇、驼虱蝇等，它们的形态都很相似。虱蝇为害家畜主要是刺螫吸血，还能机械地传播牛泰勒锥虫和炭疽等。

（七）虱

虱属昆虫纲、虱目，是哺乳动物和鸟类体表的永久性寄生虫，以吸食血液为主，故又称吸血虱或兽虱，常具有严格的宿主特异性。虱虫体扁平，无翅，呈白色或灰黑色。头、胸、腹分界明显，头部复眼退化。具有刺吸型或咀嚼型口器。触角 3~5 节。胸部有足 3 对，粗短。发育属不完全变态。

吸血虱　背腹扁平，呈灰白色或灰黑色，体长 1~5mm，表皮呈革状。头部较胸部窄，呈圆锥形。触角短，通常由 5 节组成。眼退化为一眼点或无眼。口器为刺吸式，较为特殊，不用时缩入头内咽下方的一个囊肿。胸部三节融合，只有中胸有一对气门。有三对粗短的足，跗节末端有一强大的爪，胫节腹面有一指状突，爪与指状突相对为抓毛的有力工具。腹部 11 节，第一、二节多消失，明显的是从第三节起有气门 6 对。雄虱小于雌虱，雄虱末端圆形，雌虱末端分叉。

寄生于家畜体表的吸血虱常见的有血虱科血虱属的猪血虱、驴血虱、牛血虱、水牛血虱、颚虱科、颚虱属的牛颚虱、绵羊颚虱、绵羊足颚虱、山羊颚虱、犬颚虱和管虱属的牛管虱(图 2 – 12)。

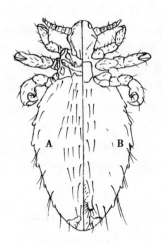

图 2 – 12　牛管虱

A. 背面；B. 腹面

(八) 毛虱与羽虱

毛虱属于昆虫纲、食毛目，以啮食毛、羽、皮屑为生。种类很多，绝大多数寄生于鸟类，称羽虱；少数寄生于兽类，称毛虱。营终生寄生生活，以啮食羽、毛及皮屑为生。

毛虱（或羽虱）主要特征是体长 0.5～1.0mm，体扁平，无翅，体型有扁而宽短的，也有细长形的。头部钝圆，其宽度大于胸部。咀嚼式口器。头部侧面有触角 1 对，由 3～5 节组成，触角的长短、形状为分类的依据，有时性别不同，触角形状也有差别。胸部分前胸、中胸和后胸，前胸节明显，中、后胸常有不同程度的愈合。有 3 对粗短的足，每一胸节上着生 1 对足，跗节 1～2 节，跗节末端有爪 1～2 个，爪不发达。腹部由 11 节组成，可见的仅 8～9 节，最后数节常变成生殖器。每一腹节的背、腹面后缘均有成列的毛。雄虱末端钝圆，雌虱末端分叉。

每一种毛虱（或羽虱）均有一定的宿主，具宿主特异性；而一种动物又可寄生多种，每种又有其特定的部位。如鸡圆羽虱寄生于鸡背部、臀部的绒毛上，鸡翅长羽虱寄生于翅部下面，广幅长羽虱寄生于头部和颈部等（图 2－13）。

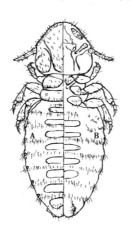

图 2－13　毛虱

A. 背面；B. 腹面

毛虱科　触角3节，足末端仅一爪。在畜体上常见的有毛虱科的牛毛虱、马毛虱、绵羊毛虱、山羊毛虱和犬毛虱。

羽虱科　寄生于家禽体表的羽虱分属于长角羽虱科和短角羽虱科。长角羽虱科又称鸟虱科，触角5节露于头外，足末端有两爪，常见的有广幅长羽虱、鸡翅长羽虱、鸡圆羽虱、大角羽虱。短角羽虱科又称禽虱科，触角4节多藏于触角沟内，足末端有两爪，常见的是鸡羽虱。

（九）蠕形蚤

蠕形蚤属蚤目，蠕形蚤科，重要的种有花蠕形蚤和尤氏独卡特蚤，后者又称尤氏羚蚤。

蚤目昆虫为小形无翅昆虫，虫体左右扁平，体表覆盖有较厚的几丁质，呈棕褐色。头部三角形，侧方有1对单眼；触角3节，收于触角沟内。口器刺吸式。胸部小，3节，有3对肢，肢粗大。腹部10节，有7节清晰可见，后3节变为外生殖器。蠕形蚤科的昆虫，吸血后雌虫腹部显著增大，并呈长卵形。花蠕形蚤吸血后雌虫由原长3.9mm增长到6mm；羚蠕形蚤吸血后雌虫可增大到16mm。蚤类多数具有很强的跳跃能力，但蠕形蚤由于腹部的增大，而行动缓慢（图2-14）。

（十）虻与蚋

虻（图2-15）属于双翅目，虻科，与兽医学关系密切的有虻属、麻虻属和斑虻属。虻为大、中型吸血昆虫，具刮舐式口器，刮刺家畜皮肤吸血。头部大，呈半球形。复眼大，几乎占有头部的绝大部分，雄虫两复眼相互接近，雌虫两复眼分离，中间形成额带，额带常有粉被和毛覆盖。触角3节，第3节末端上有4~5个环节。胸部3节，有翅1对和足3对。在翅脉的分布上，形成明显的中室，乃由第二中脉与第三中脉及其间的横脉所围成。

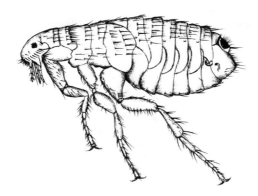

图 2 - 14　蠕形蚤

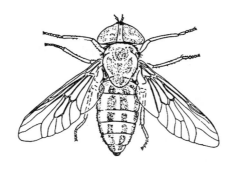

图 2 - 15　虻

虻（图 2 - 16）又名黑蝇，属双翅目，虻科，在我国常见而且与兽医学密切相关的有 4 个属，即虻属、原虻属、维虻属和真虻属。虻是一种小型、黑色、粗短、背驼、翅宽的吸血昆虫，成虻体长 2 ~ 5mm，头部半球形，复眼发达，触角短，由 9 ~ 11 节组成。口器刺吸式。胸背隆起，翅 1 对，宽阔透明，前缘域翅脉明显，其余翅脉不明显。足粗短。腹部 11 节，最后 1 ~ 3 节转化为外生殖器。

图 2 - 16　蚋

第三节　昆虫的固定和保存

一、昆虫的固定

(一) 大型昆虫的固定

为了保存大型昆虫以供鉴定和参考之用，必须将它们正确固定在昆虫储存盒内。不应当让昆虫在玻璃或塑料管中存留 3 天以上，因为在湿气大的条件下，它们的状态会迅速变坏。另一方面，如果让它们在敞口容器或火柴盒中变干燥，以后试行用针将它们固定时，则将引起严重损坏甚至成为碎片。可是，已干燥的标本置于潮湿空气中，可以在某种程度上变松弛。以带有湿软木塞或脱脂棉的贮存器，再用一种抗真菌剂（如雷硫汞）保存标本就已足够。大型昆虫（如蛾、蟑螂）按常规是用细小的昆虫针穿过胸腔固定，各种各样长度和规格的昆虫针都可以买到。为了防止其他昆虫啃食，在每个贮存盒中可加一点驱虫剂。

（二）小型昆虫的固定

小型昆虫可用小昆虫针钉在多孔的小木板上，然后再将小木板用牢实的大昆虫针加以固定。大多数小型蝇类，包括苍蝇（家蝇、厩蝇）都可用这种方式制作标本。另一种方法是用可溶性胶将昆虫粘在卡片的上端，该法适用于一些非常小的昆虫，如叮咬蠓类（蚋属、库蠓属）。

最重要的是，采集样品时应记录收集的一些细节（如习性、地点、日期、时间和鉴定），最后用墨水记在固定于大昆虫针上的标准标签上。

二、参照标本的保存

若干昆虫制成干湿标本以备检定时参照用。

虫体小而坚硬的未固定标本（如小型蝇类、各种昆虫的幼虫、虱）往往需要置于70%酒精（混有5%甘油）中或10%福尔马林中完整地保存，以供诊断和鉴定之用；如果虫体是软的，放在10%福尔马林生理盐水溶液中保存更好。对蛛形纲的样品，用于组织学和分类学研究者，首先要用Carnoy固定液（附录Ⅱ）加以固定。

采集到的昆虫虽然将慢慢死去，但是应用90%酒精足以杀死和保存从土壤或肥料中收集到的软体昆虫幼虫（如蛆等）。另一方面，常会发现这些标本变得易碎，而且收缩死亡，因而不容易进行测量，也见不到向内陷入的特征性结构（如原足）；并且会严重褪色。

（项海涛、骆学农）

第三章　原虫检验技术

　　家畜体内的原虫包括寄生在动物的腔道、体液、组织或细胞内的致病及非致病性原虫，约有 40 种，常见的有锥虫、梨形虫、球虫等，它们均属于单细胞动物，整个虫体由一个细胞构成，虫体微小，在显微镜的油镜下才能看清楚。原虫的形态因种而异，在生活史的不同阶段，形态也可完全不同，呈柳叶状、长圆、椭圆或梨形等，有的原虫无固定形状，经常变形，具有多形性。

　　在我国，感染动物的锥虫有伊氏锥虫和媾疫锥虫；梨形虫包括有马驽巴贝斯虫、羊巴贝斯虫、牛双芽巴贝斯虫、牛环形泰勒虫、绵羊泰勒虫和骆驼泰勒虫等；球虫常见的有鸡柔嫩艾美尔球虫、兔斯氏艾美尔球虫、猪等孢球虫和牛邱氏艾美尔球虫等。

　　这一章只介绍如何通过染色在病料中发现病原体的传统方法以及各种动物原虫病原的特征等。到目前为止，能够发现病原体是诊断原虫病最可靠的依据。

第一节　球虫的检验技术

　　一般认为，球虫目中的艾美尔球虫、等孢子球虫和泰泽球虫等三属是引起疾病的重要原因。它们都是上皮细胞的主要寄生虫；其中大多数是侵染消化道上皮细胞。侵袭的部位随种类不同而变化不定，有些还侵害其他器官，如肝脏的胆管（斯氏艾美尔球虫）或肾脏的肾小管（鹅肾截形艾美尔球虫）等。球虫目中除少数外都有严格的宿主特异性。它们均可刺激宿主产生明显的免疫反应，这种反应是有种间特异性的。

怀疑暴发球虫病时，应当根据临诊病史和尸体剖检结果进行诊断。

表3-1 家禽艾美尔球虫种的鉴定

眼观损伤		寄生部位	检查的发育阶段	种类	其他特征	
出血明显	上皮深部的损伤	盲肠	大裂殖体	柔嫩艾美尔球虫	盲肠肠腔中有团块（内部可能有卵囊）	轻度感染时可能导致肠管增厚，呈红色或者淡灰色，但无血液
		肠道	大裂殖体	毒害艾美尔球虫	盲肠无明显变化	
出血不明显	黏液性肠炎	十二指肠小肠前段	数目较多的配子体和小卵囊	堆型艾美尔球虫	轻微感染产生小的白色病灶。严重感染时，损伤融合并沿肠道向后延伸，往往导致肠道组织变薄变脆	
	黏液性渗出/无损害	十二指肠小肠前段	—	早熟艾美尔球虫	一般不引起明显的病变	
出血不明显	黏液性肠炎/坏死性肠炎	小肠中段	配子体和大的淡黄色卵囊	巨型艾美尔球虫	严重感染可能引起出血和坏死	
		小肠后段	配子体和卵囊	布氏艾美尔球虫	在肠道的后段有淡白色的渗出物，并形成干酪样团块。重度感染可引起严重的坏死	
	无损害	小肠后段	配子体或卵囊	和缓艾美尔球虫	有近似圆形的小卵囊丛分布	

为了确诊，必要时必须进行尸体剖检。卵囊计数有助于证实诊断，但对鉴定虫种有更重要的意义。哺乳动物的大多数球虫，

可以根据形成孢子的卵囊准确鉴定虫种，可是在家禽从卵囊不能准确鉴定虫种。

对于家禽的球虫感染，可以根据损害的性质和部位以及组织抹片中各种发育阶段的寄生虫外观进行鉴定。系统检查染病小鸡肠道的要点如表 3-1 检索表所示。

一、卵囊的形态学检查

一般情况下，采取动物新排出的粪便，按蠕虫虫卵检查法检查粪便中的卵囊。

利用盐浮集技术，可以获得较理想的供形态学检查用的卵囊标本。

【操作步骤】

（1）将粪便进行乳化，通过薄布挤出，以除去粗颗粒，然后置入带盖的离心管中，以 1 500r/min 离心沉淀 2min。

（2）取出离心管，倒掉上清，将沉淀物乳化，在离心管内装满饱和氯化钠溶液，将盖拧紧，颠倒数次。

（3）将离心管放于试管架上，去掉盖子，然后再滴加饱和氯化钠溶液直至管口液面凸出为止。

（4）在离心管顶部放一块盖玻片，静置 20~30min。

（5）慢慢向上小心将盖玻片取下，放在一张清洁的载玻片上，用显微镜检查卵囊。

当需要鉴定球虫的种类时，可对粪便中的卵囊进行简单的培养。特别是牛、绵羊、家兔等的卵囊，形成孢子之后更利于虫种的鉴别。

【操作步骤】

（1）用 2% 重铬酸钾液乳化少量粪便样品，通过纱布过滤。

（2）在培养皿中涂上薄薄的一层滤液，置于室温或 27℃ 温箱中培养，使卵囊形成孢子。

（3）定期用显微镜检查，经过 3～4d 直至卵囊完全孢子化为止。

卵囊的许多详细结构只有在油镜下才能看到。如作此用的盖玻片标本应当用凡士林密封。

为方便观察，可以将球虫的卵囊进行染色后再进行镜检。

【操作步骤】

（1）将附有卵囊的抹片，在加热的醋酸中固定 5～10min。

（2）滴加 0.1% 詹纳斯绿液，染色 10min，在水中洗涤。

（3）滴加浓的伊红染液，染色 5min，在水中洗涤。

（4）自然晾干后镜检。

二、隐孢球虫卵囊检查

隐孢球虫卵囊的检查既可以粪便直接涂片，也可用饱和蔗糖溶液漂浮法收集粪便中的卵囊。一般情况下，均采用沙黄－美蓝染色法染色后镜检。因隐孢子虫卵囊小，需用油镜观察。

【操作步骤】

（1）将粪便涂片或浮集的卵囊涂片，以火焰干燥。

（2）滴加 30% 盐酸甲醇溶液，作用 3～5min 后水洗。

（3）滴加 10% 沙黄溶液，在火焰上加热至发出蒸汽，待 2～3min 冷却后水洗。

（4）滴加 10% 美蓝溶液，30s 后水洗。

（5）待玻片干燥后镜检。

此操作能将卵囊染成橘红色，背景为蓝色。但需注意抹片中可出现染成橘红色的杂质，应加以区别。

三、球虫卵囊的实验室培养

为了实验的目的，可在实验室内人工繁殖球虫。所需卵囊可从处于产生卵囊高峰期死亡的宿主粪便或感染组织中采集。

一般说来，每天应对粪便卵囊进行计数，可以确定卵囊排出高峰的时间。感染动物必须严格隔离，笼、饲喂用具和实验室器械均消毒。以柔嫩艾美尔球虫卵囊的培养方法举例如下。

【操作步骤】

（1）将成熟的柔嫩艾美尔球虫卵囊接种于 15～20 只四周龄的小鸡，用连接软管的注射器直接向嗉囊内注入球虫卵囊悬液 1mL，隔离饲喂。

（2）感染后第六天，在粪盘中垫一张塑料纸，并注满 2% 重铬酸钾溶液。

（3）感染后第七天，将粪盘中的粪便通过孔径 0.150mm 和孔径 0.053mm 的滤网冲洗，并将液体收集在容器中。

（4）将液体转移到有刻度的大烧杯内，记录其体积（Y）。此时，可用以下方法估算出卵囊总数。

（5）将液体充分混匀，并取三份 1mL 的样品，分别加入三支试管中，每一试管加水至 5mL（1∶5 稀释），每个样品用血球计数器计数两个小室中的卵囊数，每一小室覆盖面为 5mm^2。

计算公式如下：

$$X/30 \times 5/1 \times 5 \times Y \times 1\,000 = 卵囊总数$$

其中：X = 6 个小室所含的卵囊总数

30 = 6 个小室每个为 5mm^2

5/1 = 小室的深度是 1/5mm，乘以 5 换算为 mm^3

5 = 样品的稀释倍数

1\,000 = mm^3 换算为 cm^3

Y＝烧杯中液体的总体积

（6）将液体转移至离心管中，1 500r/m 离心 5min，倒去上清。

（7）将沉淀物再次悬浮于比重 1.2 的饱和氯化钠溶液中，在 100mL 离心管中以 250g 速率离心 5min，使卵囊漂浮起来。

（8）将每管中的浮渣迅速倒入 1 升的烧杯中，其中含有悬浮在液面上的卵囊（在只回收到一小部份卵囊时，须将剩余的上清液和沉淀物保存）。

（9）用水将其中的盐液作 1∶10 左右的稀释，再放入离心管内以 1 500r/min 离心 5min。

（10）小心弃去上清液，沉淀物加 2% 重铬酸钾溶液至 150mL。

（11）用水配制 3 份 1∶10 稀释的样品，计数每份样品血球计数器的两个小室的卵囊数，计算方法同前。

（12）如有必要，可将每毫升所含卵囊数稀释至 5×10^5。在孢子形成过程中，可得到的氧气量是一重要影响因素，而且必须使碎屑尽可能的少，可用一个鱼缸泵充气，孢子形成通常是在 27℃ 条件下经 2～3d 后完成。

（13）培养的统一标准：

每天检查卵囊，看看孢子中是否有子孢子，直到孢子形成完全。培养物中的卵囊浓度可用血球计数器按前述方法进行计算。

在油镜下最少检查 100 个卵囊，评估已完全形成孢子的卵囊比例，并以百分数表示。这一系数可用于计算卵囊总数和每毫升中孢子化卵囊的数目。

培养物贮存于 4～5℃ 冰箱中，可存活相当长的一段时间。但是对于重要的实验，决不应当超过 4 周。因为已有证据表明，毒力可随培养期延长而降低。

四、不同动物球虫病的特点及其卵囊特征

与兽医学有关的重要的球虫属有 5 个，它们的卵囊都有各自的特征。不同属的球虫可以根据表 3－2 所示卵囊的特点进行属的鉴别。

球虫对宿主有严格的选择性，不同种的家畜有不同种的球虫，互不交叉感染。而针对不同动物感染的球虫种类可参照表 3－3、表 3－4、表 3－5、表 3－6、表 3－7、表 3－8、表 3－9 和图 3－1、图 3－2、图 3－3、图 3－4、图 3－5、图 3－6 所示特征加以鉴别。

表 3－2　球虫卵囊特征检索

球虫属	孢子囊数目	单个孢子囊内的子孢子数目	子孢子的总数目
艾美尔球虫属	4	2	8
等孢球虫属	2	4	8
泰泽球虫属	—	—	8
温扬球虫属	4	4	16
隐孢子虫属	—	—	4

（一）禽类球虫病

1. 鸡球虫

一般来讲，侵染鸡的球虫虫种不止一种，以 7 种艾美尔球虫较为常见，其卵囊特征见表 3－1、表 3－3 和图 3－1。鉴定其虫种可根据肠道损害的性质和部位，并同时仔细检查新鲜粪便涂片，辨认其发育阶段。

表 3 – 3   鸡的球虫病

球虫种类	感染部位	卵囊的平均大小（μm）	潜伏期（d）	中度感染时的致病性
堆型艾美尔球虫	十二指肠	18×24	4	配子体和裂殖体引起体重减轻
早熟艾美尔球虫	十二指肠	21×17	4	严重感染时体重暂时下降
巨型艾美尔球虫	小肠中段	30×20	6	死亡率变化不定，体重减轻，主要出现配子体
布氏艾美尔球虫	小肠后段	26×22	6	死亡率变化不定，体重减轻，出现配子体和裂殖体
毒害艾美尔球虫	裂殖体在小肠，配子体和卵囊在盲肠	20×17	7	进入肠道组织深部的裂殖体引起出血，体重减轻和死亡
和缓艾美尔球虫	降结肠及邻近的盲肠	16×15	4	配子体引起体重减轻
柔嫩艾美尔球虫	盲肠	23×19	7	进入盲肠组织深部的裂殖体引起出血和死亡

（1）堆型艾美尔球虫。该种球虫致病通常是慢性的，病禽身体增重不良，但死亡率很低。轻微感染的损害是十二指肠与小肠前段产生白色的横纹。严重感染时则这些横纹融合，并且肠壁增厚和充血，有明显的淡白色黏液样渗出物。在十二指肠的涂片中可以见到极大量特征性的卵圆形小卵囊。

（2）早熟艾美尔球虫。这是在十二指肠所发现的一种不致病的艾美尔球虫。严重感染时可暂时抑制体重增长。可能出现含有许多卵囊的淡白色渗出物，但不形成分散的损害。卵囊比堆形艾美尔球虫的稍大，且要圆一些。

（3）巨型艾美尔球虫。巨型艾美尔球虫的致病性变化不定，

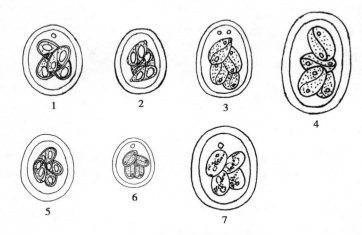

图 3 - 1　鸡球虫孢子化卵囊形态
1. 柔嫩艾美尔球虫；2. 布氏艾美尔球虫；3. 堆型艾美尔球虫；
4. 巨型艾美尔球虫；5. 早熟艾美尔球虫；6. 毒害艾美尔球虫；7. 和缓艾美尔球虫

但是可以导致很高的发病率，死亡率可以接近 25%。虽然整个小肠都可受到侵染，但损害最常发生于小肠的中段。典型的损害是肠壁增厚，并有粉红色黏液样的渗出物。严重感染时，出血明显，且血液可能进入盲肠。在肠黏膜的涂片中，可能看到配子体或特征性的淡黄色大卵囊。

（4）布氏艾美尔球虫。布氏艾美尔球虫的致病性强，但死亡率变化不定。在小肠后段损害最明显。严重感染时，黏膜上出现数目众多的带有染血渗出物的小出血点。在降结肠和直肠肠腔中可发现特征性的淡黄/白色干酪样物质。整个肠道中可能出现大小不等的圆形卵囊。

（5）毒害艾美尔球虫。毒害艾美尔球虫是致病力很强的一种，可以引起大量死亡。损害仅限于小肠，在向深部穿透的裂殖体成熟的部位出血。肠壁上往往有明显可见的白色斑点（裂殖体丛）。配子生殖和卵囊的形成均发生在盲肠中，但无肉眼可见的损害，这是毒害艾美尔球虫与禽柔嫩艾美尔球虫的重要区别。它与巨型艾美尔球虫的区别，是在小肠的刮屑物中可见大的裂殖体。

（6）和缓艾美尔球虫。变位艾美尔球虫是和缓艾美尔球虫的另一名称。在发育阶段，以小丛散布于小肠的整个后半段及邻近的盲肠上，但不引起损害。严重感染时，病禽由于肠道吸收营养的能力降低，体重增加缓慢。在涂片中可以看到近似球形的小卵囊。

（7）柔嫩艾美尔球虫。这种球虫急性感染最常见于雏鸡。严重感染的特征是粪便中有血液和极高的发病率及死亡率。急性期剖检可发现盲肠由于黏膜糜烂出血而扩张。在盲肠黏膜涂片上可以见到第二代的大裂殖体与游离的裂殖子。盲肠腔内充满坏死的碎屑。在宿主恢复期中可以见到配子体和卵囊。

2. 雉鸡球虫

雉鸡的球虫病最常发生于集约饲养的幼年鸡。卵囊特征见表3－4。

表3－4　雉鸡球虫病

球虫种类	感染部位	卵囊平均大小(μm)	潜伏期（d）
十二指肠艾美尔球虫	十二指肠和小肠	21×19	5
雉鸡艾美尔球虫	小肠与邻近的部分盲肠	25×17	5
克氏艾美尔球虫	裂殖体感染小肠和盲肠，卵囊主要在盲肠	27×17	6
巨口艾美尔球虫	—	24×19	—

（1）克氏艾美尔球虫。克氏艾美尔球虫急性感染发生于 2 ~ 3 周龄的雏鸡。盲肠增厚并发炎，而且常常含有由椭圆形大卵囊团块构成的白色核心。

（2）十二指肠艾美尔球虫。十二指肠艾美尔球虫可引起十二指肠和小肠前段黏液性肠炎。产生近似圆形的小卵囊团块。

（3）巨口艾美尔球虫。巨口艾美尔球虫比较少见，可能不致病。容易认出厚壁的淡黄褐色圆形卵囊。

（4）雏鸡艾美尔球虫。雏鸡艾美尔球虫引起的主要损害是小肠的黏液性炎症。整个小肠和邻近的部分盲肠出现中等大小的椭圆形卵囊。

3. 鹅球虫

感染鹅的球虫有数种，但仅有 3 种可引起临诊疾病。

（1）肾截形艾美尔球虫。肾截形艾美尔球虫是一个致病的虫种，对肾脏引起损害，使它肿胀并变为淡黄色。在肾小管的上皮中形成卵囊。

（2）有害艾美尔球虫。从急性暴发的出血性黏液性肠炎中鉴定出来。有害艾美尔球虫的厚壁大卵囊是褐色的，带有独特的卵孔。

（3）鹅艾美尔球虫。类似于有害艾美尔球虫，亦是从急性暴发的出血性黏液性肠炎中鉴定出来。鹅艾美尔球虫在稀疏的乳头状损害中形成梨形的小卵囊。

4. 鸭球虫

引起家鸭散在性地暴发死亡率高的急性疾病，往往与恶性泰泽球虫（如毁灭泰泽球虫）有关。肠壁增厚、出血且浆膜表面有白色斑点。肠腔充满血液和坏死组织。涂片中呈现非常小的圆形卵囊团块。

（二）哺乳动物球虫病

1. 猪球虫

仔猪感染艾美尔球虫，一般只发生短时间的腹泻。卵囊特征见表3-5。

表3-5 猪的球虫卵囊

球虫种类	卵囊平均大小 （μm×μm）	形状	特征
蒂氏艾美尔球虫	25×17	椭圆形	壁平滑，无色，孢子囊不对称
最小艾美尔球虫	13×12	圆形或近圆形	壁粗糙，黄色
光滑艾美尔球虫	27×21	椭圆形	壁粗糙，黄色至无色
豚艾美尔球虫	22×16	卵圆形	壁光滑，无色，孢子囊宽阔
粗糙艾美尔球虫	32×33	卵圆形	壁粗糙，有放射状条纹，黄色至褐色
有刺艾美尔球虫	20×13	卵圆形	壁粗糙，螺旋状，褐色
猪艾美尔球虫	17×13	椭圆形或近圆形	壁光滑，无色
猪等孢球虫	20×17	圆形或近圆形	壁光滑，无色

猪等孢球虫是5～14日龄仔猪腹泻的主要原因。发病率高，死亡率接近50%。尸体剖检时，空肠中可能呈现纤维蛋白坏死膜，在吉姆萨染色的抹片中可能显示出寄生虫。通过组织学检查可以证明上皮细胞坏死的空肠中绒毛萎缩与隐窝增生。在上皮中可见到单独或成对的裂殖子，偶然还有小裂殖体，以及正在发育的配子体和卵囊。在开始腹泻不久的同窝仔猪粪便中最容易查出特征性的卵囊。

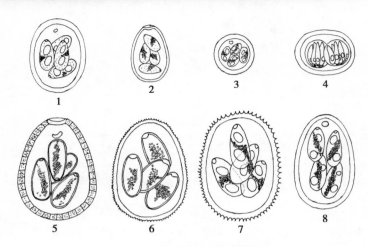

图 3 – 2　猪球虫孢子化卵囊形态

1. 猪艾美尔球虫；2. 豚艾美尔球虫；3. 最小艾美尔球虫；
4. 猪等孢球虫；5. 粗糙艾美尔球虫；6. 光滑艾美尔球虫；
7. 有刺艾美尔球虫；8. 蒂氏艾美尔球虫

2. 牛球虫

牛艾美尔球虫与邱氏艾美尔球虫是致病性最强的虫种。两者均侵害大肠，引起黏膜增厚及严重出血的卡他性肠炎。带有里急后重的腹泻是其特征。粪便中可能呈现带有小凝血片的黏液。急性病例可能发生于幼畜，在这种病例，痢疾可能致死。许多其他虫种也有报道，卵囊特征见表 3 – 6，但感染之后只能引起轻度暂时性腹泻。

表 3 – 6　牛球虫卵囊

球虫种类	卵囊平均大小（μm × μm）	形状	特征
阿拉巴艾美尔球虫	19 × 13	卵圆形	无色
奥本艾美尔球虫	38 × 23	长卵圆形	有明显的卵膜孔

（续表）

球虫种类	卵囊平均大小（μm×μm）	形状	特征
牛艾美尔球虫	28×20	卵圆形	黄色，卵膜孔在狭窄端
巴西利亚艾美尔球虫	38×27		有突出的极帽
布基农艾美尔球虫	44×32		壁非常厚，有放射状条纹
加拿大艾美尔球虫	33×23	椭圆形	无色或淡黄色
圆柱状艾美尔球虫	23×14	圆柱形	无色
椭圆艾美尔球虫	17×13	椭圆形	无色，孢子囊长而狭窄
复膜艾美尔球虫	40×28		壁很厚，外表似天鹅绒
近球形艾美尔球虫	11×10	近似圆形	无色，无卵膜孔
怀俄明艾美尔球虫	40×28	宽卵圆形	黄褐色
邱氏艾美尔球虫	18×16	圆形	无色，无卵膜孔

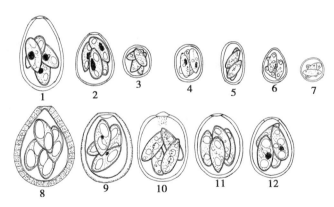

图3-3　牛球虫孢子化卵囊形态

1. 奥本艾美尔球虫；2. 牛艾美尔球虫；3. 邱氏艾美尔球虫；

4. 椭圆艾美尔球虫；5. 圆柱状艾美尔球虫；6. 阿拉巴艾美尔球虫；

7. 近球形艾美尔球虫；8. 布基农艾美尔球虫；9. 复膜艾美尔球虫；

10. 巴西利亚艾美尔球虫；11. 怀俄明艾美尔球虫；12. 加拿大艾美尔球虫

3. 绵羊球虫

在绵羊已报道过的艾美尔球虫有 11 种，卵囊特征见表 3 - 7。侵害山羊的是一些卵囊外观相似的紧密相关虫种；但是通过交叉感染研究，证实它们都有各自的特性。

表 3 - 7　绵羊球虫卵囊

球虫种类	卵囊平均大小（μm×μm）	形状	特征
阿沙塔艾美尔球虫	39×25	椭圆形	黄褐色，有突出的极帽
巴库艾美尔球虫	31×20	椭圆形	浅黄褐色，有极帽
槌状艾美尔球虫	24×17	宽椭圆形至近圆形	浅极帽或有或无，孢子囊非常宽，平均 11×7 微米
浮氏艾美尔球虫	29×21	卵圆形	浅黄褐色，狭窄端有独特的卵膜孔
颗粒艾美尔球虫	29×21		黄褐色，宽阔端有缸状大极帽
错乱艾美尔球虫	47×32	椭圆形	褐色，壁厚，有横纹，有极帽
袋形艾美尔球虫	19×13	椭圆形	无色或浅黄色，极帽不明显
类绵羊艾美尔球虫	23×18	椭圆形	无色至浅黄色，壁薄
苍白艾美尔球虫	14×10	椭圆形	浅黄色，壁非常薄
小型艾美尔球虫	16×14	圆形至近圆形	圆形至近圆形，无色，有特征的结晶状外观
韦布里吉艾美尔球虫	24×17	宽椭圆形至近圆形	浅极帽或有或无，孢子囊细长，平均大小 14×7 微米

类绵羊艾美尔球虫是致病力最强的一种。它主要侵害盲肠和结肠，引起严重的肠炎，有时可能出血。4～7 周龄哺乳羊羔最易感。这种年龄的羊羔还往往见到大量槌状艾美尔球虫卵囊，但它们可能并不一定患有此病。巴库艾美尔球虫可使黏膜产生白色斑点，有时则是息肉，这种球虫不一定就会致病。

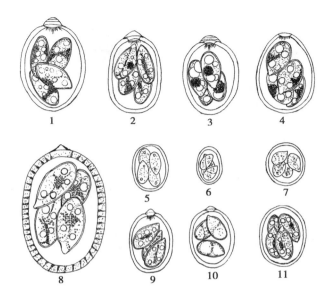

图 3 – 4　绵羊球虫孢子化卵囊形态

1. 阿沙塔艾美尔球虫；2. 巴库艾美尔球虫；3. 颗粒艾美尔球虫；

4. 浮氏艾美尔球虫；5. 袋形艾美尔球虫；6. 苍白艾美尔球虫；

7. 小型艾美尔球虫；8. 错乱艾美尔球虫；9. 韦布里吉艾美尔球虫；

10. 槌状艾美尔球虫；11. 类绵羊艾美尔球虫

4. 山羊球虫

年幼的山羊通常都染有 4～5 种球虫，卵囊特征见表 3 – 8。疾病可能发生于受到应激因素影响之后，例如：断奶、饮食改变、天气严寒、或者迁徙和重新组群。这些种类球虫的卵囊与绵羊极其相似，其中阿洛尼氏艾美尔球虫、克里斯坦森氏艾美尔球虫和尼柯雅氏艾美尔球虫已知是致病的。

表3-8　山羊球虫卵囊

球虫种类	卵囊大小（μm）	形状	特征	绵羊的类似虫种
阿里艾美尔球虫	17×15	近圆形、椭圆形、圆形	无色或浅黄色，偶尔能看到卵膜孔	小型艾美尔球虫
亚毕什伦艾美尔球虫	31×23	卵圆形	浅黄褐色，狭窄端有独特的卵膜孔	浮氏艾美尔球虫
阿洛尼艾美尔球虫	28×20	椭圆形	黄褐色，有极帽	巴库艾美尔球虫
山羊艾美尔球虫	32×23	椭圆形	黄褐色，有卵膜孔，但无极帽	—
绵山羊艾美尔球虫	30×24	宽椭圆形	黄褐色，有卵膜孔，但无极帽	绵山羊艾美尔球虫（实验感染）
克里斯坦森艾美尔球虫	38×25	卵圆形至椭圆形	黄褐色，有极帽	阿沙塔艾美尔球虫
家山羊艾美尔球虫	23×18	椭圆形至近圆形	无色至淡黄色，浅的极帽或有或无	槌状艾美尔球虫
乔氏艾美尔球虫	31×22	椭圆形或卵圆形	黄褐色，宽阔的一端有极帽	颗粒艾美尔球虫
尼柯雅艾美尔球虫	24×19	椭圆形	无色或淡黄色，壁薄，卵膜孔几乎看不出	类绵羊艾美尔球虫

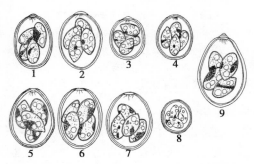

图3-5　山羊球虫孢子化卵囊形态

1. 阿洛尼艾美尔球虫；2. 乔氏艾美尔球虫；3. 家山羊艾美尔球虫；

4. 尼柯雅艾美尔球虫；5. 亚比什伦艾美尔球虫；6. 山羊艾美尔球虫；

7. 绵山羊艾美尔球虫；8. 阿里艾美尔球虫；9. 克里斯坦森艾美尔球虫

5. 兔球虫

已知兔有9种球虫，卵囊特征见表3-9。兔肝艾美尔球虫侵害胆管，可引起淡白色的结节状损害和肝脏剧烈增大。病兔不出现腹泻，但体重减轻，而且可能死亡。所有其他虫种均侵害肠黏膜。致病力最强的是黄色艾美尔球虫（侵害盲肠）和肠艾美尔球虫（侵害小肠后段）；两者均引起严重的腹泻，体重减轻，有时导致死亡。梨形艾美尔球虫可引起结肠和直肠的黏膜糜烂。

表3-9　兔的球虫病

球虫种类	感染部位	形状	大小（μm×μm）及特征	潜伏期（d）	致病性
盲肠艾美尔球虫	小肠后段和盲肠	椭圆形	25～40×14～21 有卵囊残迹和卵膜孔	11	缓和
黄色艾美尔球虫	小肠后端，盲肠，大肠	卵圆形	25～37×14～24 宽阔端有突出的卵膜孔，无卵囊残迹	8～11	可引起严重肠炎和死亡
肠艾美尔球虫	小肠（十二指肠除外）	梨形	23～30×15～20 有大的卵囊残迹	9～10	可引起严重肠炎和死亡
无残艾美尔球虫	小肠中段	长椭圆形或卵圆形	34～42×19～28 卵膜孔突出，有小的卵囊残迹	9	缓和
新兔艾美尔球虫	回肠和盲肠	长圆形	36～44×22～27 有卵膜孔，有明显的卵囊残迹	12	轻度至明显的致病力
大型艾美尔球虫	小肠和大肠	卵圆形	28～42×20～26 有带皱边的宽阔的卵膜孔，有大的卵囊残迹	7～8	缓和
中型艾美尔球虫	空肠和十二指肠	短椭圆形	27～36×15～22 有卵膜孔和大的卵囊残迹	6～7	可引起炎性损害
穿孔艾美尔球虫	小肠	椭圆形	15～30×11～20 无卵膜孔，有小的卵囊残迹	5～6	缓和

（续表）

球虫种类	感染部位	形状	大小（μm×μm）及特征	潜伏期（d）	致病性
梨形艾美尔球虫	小肠和大肠	梨形	26～32×15～18 无卵囊残迹	9～10	可引起严重肠炎
斯氏艾美尔球虫	肝脏胆管	长圆形	28～40×16～25 卵膜孔突出，有很小的卵囊残迹	16～18	致病力最强，可致死

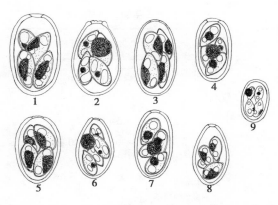

图 3 - 6　兔球虫孢子化卵囊形态

1. 无残艾美尔球虫；2. 大型艾美尔球虫；3. 斯氏艾美尔球虫；

4. 中型艾美尔球虫；5. 黄色艾美尔球虫；6. 肠艾美尔球虫；

7. 盲肠艾美尔球虫；8. 梨形艾美尔球虫；9. 穿孔艾美尔球虫

第二节　锥虫的检验技术

常见的家畜锥虫病病原包括伊氏锥虫和媾疫锥虫。苏拉病是马属动物、牛、水牛、骆驼的常见疾病，其病原为伊氏锥虫；马媾疫是马和其他单蹄兽的一种慢性传染性的疾病，由马媾疫锥虫所引起。

一、伊氏锥虫的检验方法

当病畜发热时，采取血液（也可采取骨髓液、脑脊液）进行下列几种检查方法：

（一）压滴标本检查

【操作步骤】

（1）以生理盐水1滴置于载玻片上。

（2）用盖玻片的一角蘸取1小滴血液，与载玻片上的生理盐水充分混合至眼观呈粉红色。

（3）盖上盖玻片，用400~600倍放大倍数的显微镜检查。

（4）检查时应将显微镜集光器往下落，使视野暗一些，便于观察虫体的活动。如有虫体，可在血浆中见到虫体如泥鳅样活泼游动，甚至可将红血球推移转动。

（二）涂片标本检查

【操作步骤】

（1）取一滴血，滴于洁净无油脂的载玻片一端，左手持载玻片，右手再取边缘光滑的另一载玻片作为推片，将推片边缘置于血滴前方，然后向后拉，当与血滴接触后，血即均匀附着于两载玻片之间，而后以两载玻片呈30°~45°角平稳地向前推至载玻片另一端即可推出均匀的血膜（血膜不可过厚或过薄）。推时角度要一致，用力应均匀。

（2）将制好的血涂片自然干燥。

（3）用小滴管将甲醇滴于血涂片上，并盖满涂片固定约半分钟。

（4）用吉姆萨液（1∶10 稀释）染色 5～10min。

（5）将血涂片持平，用蒸馏水冲洗血膜，冲洗后斜置血涂片于空气中干燥或先用滤纸吸取水分迅速干燥，即可镜检。

在制作良好的血涂片中，锥虫呈卷曲的柳叶状，胞浆呈淡蓝色，虫体长度为红细胞直径的 4 倍左右，宽度约为红细胞直径的 1/2 或相等。中部有一个椭圆形紫红色的核，一侧有淡红色的波动膜，鞭毛染成红色。个别虫体的胞浆中可见到空泡和色素颗粒。

（三）集虫法

当采用压滴标本或涂片标本没有检出虫体时，可采用离心的方法使虫体富集后涂片镜检。

【操作步骤】

（1）取抗凝血约 5～10mL，必要时也可取骨髓液或脑脊液。

（2）将抗凝血以 2 000r/min 离心沉淀 5～10min。

（3）抗凝血经离心后会分层，用注射器或移液器轻轻抽取白细胞和红细胞之间的薄层做成涂片标本，染色后镜检。

（四）动物接种试验

在疫区，当通过上述几种方法不能确诊时，有必要进行动物接种试验。接种动物以小白鼠为最好，其次是大白鼠、兔、猫和狗。

【操作步骤】

（1）接种用的病料最好选用集虫后的血液或脑脊液。

（2）一般对小白鼠而言，接种量为皮下或腹腔注射 0.1～0.2mL，其他较大的动物可酌量增加。

（3）接种后对试验动物应严密隔离（主要防止吸血昆虫传播），观察 45～90d，每天测量体温、观察症状，并做压滴标本检查是否存在虫体。

二、媾疫锥虫的检验方法

（一）虫体检查

【操作步骤】

（1）事先准备尿道匙或金属探子，尿道匙需涂布少量甘油，金属探子需缠绕经灭菌生理盐水浸湿的纱布。

（2）将准备好的工具伸入尿道或阴道内刮取黏液，刮时稍用力，使刮取物微带血色。

（3）将刮取物一滴混于载玻片上的生理盐水中，加盖盖玻片，在高倍镜下检查。如未检查到虫体，可将黏液洗于生理盐水中，经离心沉淀后，将沉淀物做压滴标本或涂片标本继续检查。

（4）媾疫锥虫数目较少，检查时必须反复、仔细查找，否则容易漏检。如果找不到虫体，但仍怀疑为媾疫时，可采取血清送检验单位，进行血清学诊断。

（二）动物接种试验

对临诊症状疑似媾疫而没有查到病原，同时也不能进行血清学诊断时，可采用动物接种试验。

【操作步骤】

（1）取病马水肿液（或阴道，尿道刮取物）0.2mL，加生理盐水0.8mL，加青霉素1万单位，制成混合液1mL。

（2）向家兔的睾丸实质内注射上述混合液，每侧睾丸0.5mL。

（3）每天观察家兔的阴囊、阴茎、睾丸及耳、唇周围的皮肤，一般经1~2周后，上述部位会发生肿胀。

（4）用注射器从肿胀部位抽取水肿液，做压滴标本或涂片标本检查是否存在锥虫。

三、锥虫的鉴别要点

伊氏锥虫为单形型锥虫。长 18 ~ 34μm，宽 1 ~ 2μm，平均为 24 ×2μm。前端比后端尖；波动膜发达，宽而多皱曲，游离鞭毛长达 6μm。细胞核（主核）位于虫体中央，呈椭圆形，动基体（由生毛体和副基体组成）距虫体后端约 1.5μm，呈圆形或短杆形。胞浆内含有少量的空泡；核的染色质颗粒多在核的前部。在压滴血液标本中，原地运动时相当活泼，而前进运动时比较迟缓。在以吉姆萨染色的血片中，核与动基体呈深红紫色，鞭毛呈红色，波动膜呈粉红色，原生质呈淡天蓝色（图 3 –7）。

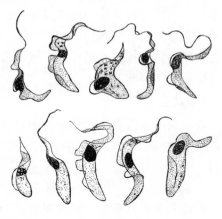

图 3 –7 锥虫

第三节 梨形虫的检验技术

一、梨形虫的检验方法

梨形虫病是由顶器亚门梨形虫纲的原虫寄生于家畜体内所引起的疾病。国内危害较大的病原主要是下列 2 个科所属的种类：属于巴贝斯科的是寄生于马属动物的驽巴贝斯虫、马巴贝斯虫以及寄生于反刍动物的双芽巴贝斯虫、牛巴贝斯虫、柯契卡巴贝斯虫、绵羊巴贝斯虫；属于泰勒科的是寄生于牛的小泰勒虫、环形泰勒虫、瑟氏泰勒虫、突变泰勒虫和寄生于绵羊的绵羊泰勒虫。

（一）血片制作法

【操作步骤】

（1）取一滴血，滴于洁净无油脂的载玻片一端，左手持载玻片，右手再取边缘光滑的另一载玻片作为推片，将推片边缘置于血滴前方，然后向后拉，当推片与血滴接触后，血即均匀附在两载玻片之间，而后以两载玻片呈 30°～45°角平稳地向前推至载玻片另一端。推时角度要一致，用力应均匀，即推出均匀的血膜。血膜不可过厚或过薄；气候寒冷时，最好先把载玻片稍微烤热，以免红细胞上出现水珠引起溶血）。

（2）将制好的血涂片自然干燥。推成的血涂片应当立即挥动，在冬天可在手掌上摩擦其背面，使之容易干燥。干后，用记号笔在血膜较厚的一端写明畜号、日期等。

（3）用小滴管将甲醇滴于血涂片上，并盖满血涂片，固定 3min。

（4）用姬姆萨液染色。染色液必须现用现稀释，通常 1mL 中性溜水中加入原液两滴（每一张血涂片约需 3mL 稀释液），染色时间的长短与室温高低有关，在室温 15 ~ 20℃时，必须染 30 ~ 40min。具体时间，最好通过少数标本试染，并经镜检观察 其效果后再确定。

（5）用蒸馏水（特殊条件下可用自来水代替）充分冲洗 1 ~ 2min 之后，最好再用中性蒸馏水洗一下，适于保存标本。

（6）使血膜尾部向上，斜靠或直立于适当地方，空气中自 然干燥或先用滤纸吸取水分迅速干燥。

（7）在血膜的末尾部用油镜仔细地观察，寻找虫体。

首先普遍观察一下整个血片上的红细胞的着染情况是否适 当，如果红细胞染成均匀一致的粉红色，便是合格的血片。要注 意观察各个红细胞内有无可疑的"异物"，如果发现有"异物" 时，应多次旋转显微镜的微动螺旋，以确定这个"异物"和红 细胞的轮廓同时出现同时消失；如果是红细胞表面的灰尘或染料 微粒，则看到它浮在红细胞的表面并常常带有屈光性，也没有规 则的形态和构造；如果是在红细胞的下面，则当看到此"异物" 时红细胞的轮廓却不清楚，同样也没有一定的构造。梨形虫虫体 必需在红细胞内部，而且具备固有的形态及构造，依此可进一步 区别虫体的种类。为了认真负责，达到慎重准确，每个血片在未 找到虫体时，应当按顺序观察 200 个视野以上。

（二）梨形虫集虫检查法

在一般血液涂片上未检出虫体时，应进一步做虫体的集虫 检查。

【操作步骤】

（1）取一离心管，加入 3.8% 枸橼酸钠溶液 1 ~ 2mL。

（2）由颈静脉采血 5 ~ 8mL，与抗凝剂充分混合后，500 ~ 700r/min 低速离心 3 ~ 5min。

（3）吸取血浆（其中仍含较多红细胞），移入另一离心管中，1 500～2 000r/min 离心 10～15min。

（4）弃去上层液体，吸取沉淀物，涂制血片。

（5）按照（一）血片制作法做好血涂片。

（6）用油镜仔细观察，检查是否存在虫体。

这个方法的原理是含虫体的红细胞比重较轻，第一次离心沉淀后仍混在上层血浆内，当第二次高速离心时才沉积于管底。

二、梨形虫的鉴别要点

寄生于羊血液红细胞内的病原包括包括巴贝斯虫和泰勒虫。

羊的巴贝斯虫按虫体大小有 2 种类型：一类是小型虫体，另一类是大型虫体。小型虫体仅报道羊巴贝斯虫 1 个种；大型虫体报道了 4 个种，即莫氏巴贝斯虫、泰勒巴贝斯虫、叶状巴贝斯虫和粗糙巴贝斯虫。

羊巴贝斯虫为小型虫体，在感染初期以圆形、椭圆形和单梨籽形虫体为主，在红细胞染虫率升高后，双梨籽形虫体、三叶形虫体和不规则形虫体的比例也升高。双梨籽形单个虫体小于红细胞半径，大部分虫体两尖端相连，两虫体之间的夹角为锐角或钝角，大部分虫体较宽，使得整个虫体看起来近圆形，也有部分虫体较窄（图 3 - 8）。

莫氏巴贝斯虫为大型虫体，虫体形态具多形性，有双梨籽形、单梨籽形、圆环形、棒状、不规则形、逗点形和三叶形。典型虫体为双梨籽形虫体，单个虫体大于红细胞半径。虫体大小随红细胞染虫率升高而变小。虫体一端宽而钝，一端窄而尖，紫红色的染色质位于大小两端，部分仅位于宽端或边缘。原生质呈浅蓝色，有的虫体中央透明呈空泡状。双梨籽形虫体排列成锐角或钝角。有的双梨籽形虫体相连两尖端的染色质外突并延伸，逐渐变大并生出原生质，发育成另一梨籽形虫体，与原母体共同排列

图 3 - 8　羊巴贝斯虫

成具有特征性的三叶形（图 3 - 9）。

　　羊的泰勒虫有 4 种：莱氏泰勒虫（山羊泰勒虫）、绵羊泰勒
虫、分离泰勒虫和隐藏泰勒虫。

　　羊的泰勒虫寄生于红细胞内的虫体呈多形性，有圆形、逗点

形、杆形、椭圆形和钉子形等，以圆形最多见。每个红细胞内有
1~4个虫体或更多，以1~2个最为多见。红细胞染虫率
0.3%~30%。

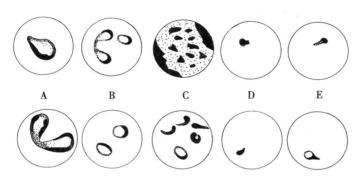

图3-9　　绵羊血液内的5种病原

A. 莫氏巴贝斯虫；B. 羊巴贝斯虫；C. 绵羊泰勒虫；

D. 绵羊无浆体；E. 隐藏泰勒虫

　　寄生于牛血液红细胞内的病原也包括泰勒虫和巴贝斯虫，但
种类与寄生于其他动物的病原不同。

　　寄生于红细胞内的泰勒虫虫体较巴贝斯虫虫体小，呈环形、
椭圆形、逗点形、卵圆形、杆形、圆点形、十字形等各种形状。
各种形状可同时出现在一个红细胞内。红细胞染虫率一般为
10%~20%，最高达95%。一个红细胞内可寄生1~2个虫体，
常见为2~3个。

　　世界各地报道的牛泰勒虫的虫种很多，但有些是同物异名，
也有的是异物同名。目前为大多数学者所公认的有5个种：环形
泰勒虫（图3-10）、突变泰勒虫（图3-11）、小泰勒虫、斑羚
泰勒虫和附膜泰勒虫。对于瑟氏泰勒虫（图3-12、图3-13、
图3-14、图3-15）、东方泰勒虫、水牛泰勒虫这3种无病原性

或病原性弱的泰勒虫的命名存在着争议，现在一些学者将其统称为瑟氏/水牛/东方泰勒虫虫组群。其中，病原性强的虫种为环形泰勒虫和小泰勒虫，常引起大批死亡和产量下降。

环形泰勒虫寄生在红细胞和网状内皮系统的细胞内，形态多样。红细胞内的虫体又称血液型虫体，有如下的各种形态：环形虫体呈戒指状，最为常见，染色质一团，居虫体一侧边缘上。吉姆萨液染色后，原生质呈淡蓝色，染色质呈红色。椭圆形虫体比环形者略长略大，其长宽比例为 1.5：1，两端钝圆，染色质居一端。逗点形虫体形似逗点，一端钝圆，另一端尖缩，染色质团在钝圆一端。杆状虫体一端较粗，一端细，弯曲或不弯曲，染色质团位于虫体的粗端，形似钉子或大头针；亦有呈两端钝的杆状者。圆点状或边虫状虫体没有明显的原生质，由染色质组成。十字形虫体不常见，由 4 个圆点状虫体组成，原生质不明显。一个红细胞内的虫体数可以有 1～12 个不等，常见为 1～3 个，各种形态虫体可同时出现于一个红细胞内。红细胞染虫率一般在 10%～20%，严重感染者可达 90% 以上。

图 3-10　环形泰勒虫

瑟氏泰勒虫寄生于红细胞内的虫体，除有特别长的杆状形外，其他的形态和大小与环形泰勒虫相似，也具有多型性，有杆形、梨籽形、圆环形、卵圆形、逗点形、圆点形、十字形和三叶形等各种形状。

杆形虫体占各种形态的 48%～86%。瑟氏泰勒虫的形态特

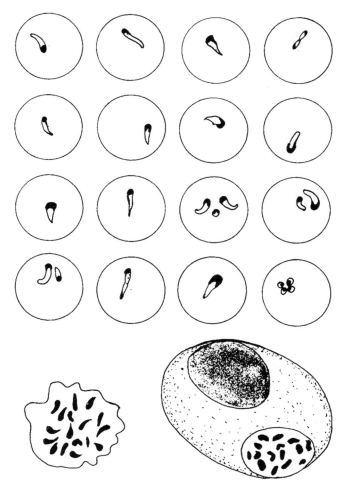

图 3-11　突变泰勒虫

征是杆形类（包括杆形或逗点形）虫体多于圆形类（包括圆形、

图 3 – 12　瑟氏泰勒虫（一）

椭圆形和梨籽形）虫体。红细胞染虫率越高，杆形虫体越多。

瑟氏泰勒虫的红细胞染虫率较环形泰勒虫低。用蜱人工感染牛的初期，红细胞染虫率为 0.1% ~ 0.25%，随着病情恶化，可升高至 8.9% ~ 16.1%，自然感染牛的染虫率为 0.11% ~ 7.6%，严重发病牛的染虫率可达 33.5%。

红细胞中虫体数量也与染虫率密切相关，染虫率高时，红细胞中虫体数量也多，绝大多数感染的红细胞中有 1 个虫体，其次为 2 个，在高染虫率情况下，1 个红细胞中可见到 7 个虫体，带虫期基本为 1 个虫体。

双芽巴贝斯虫（图 3 – 16）为大型虫体，其长度大于红细胞的半径。呈环形、椭圆形、梨形（单个或成对）和不规则形等；在出芽生殖过程中，还可见到呈三叶形的虫体。典型的形状是成双的梨籽形，尖端以锐角相联。虫体多位于红细胞的中央，每个红细胞内的虫体数目为 1 ~ 2 个，很少有 3 个以上的。红细胞染虫率为 2% ~ 15%。虫体形态随病情发展而变化，虫体开始出现时以单个虫体为主，随后双梨形虫体所占比例逐渐增多。

牛巴贝斯虫（图 3 – 17）是一种小型的虫体，长度小于红细胞半径；形态有梨籽形、圆形、椭圆形、不规则形和圆点形等。典型形状为成双的梨籽形，尖端以钝角相连，位于红细胞边缘或偏中央，每个虫体内含有一团染色质块。每个红细胞内有 1 ~ 3 个虫体。牛巴贝斯虫红细胞染虫率很低，一般不超过 1%。

寄生于马血液红细胞内的病原主要为巴贝斯虫，包括马巴贝斯虫（图 3 – 18、图 3 – 19）和弩巴贝斯虫。

马巴贝斯虫为小型虫体，长度不超过红细胞半径。呈圆形、椭圆形、单梨形、阿米巴形、钉子形、逗点形、短杆形等多种形态。典型的形状为四个梨形虫体以尖端相连成"十"字形，每个虫体有一团染色质块。

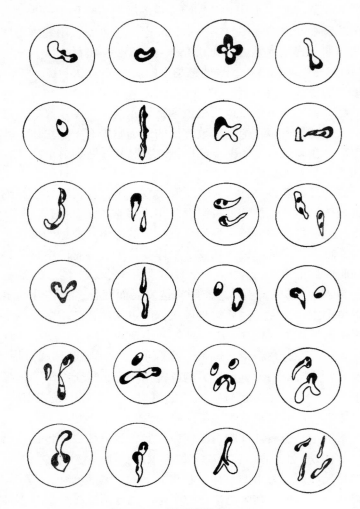

图 3 - 13 瑟氏泰勒虫（二）

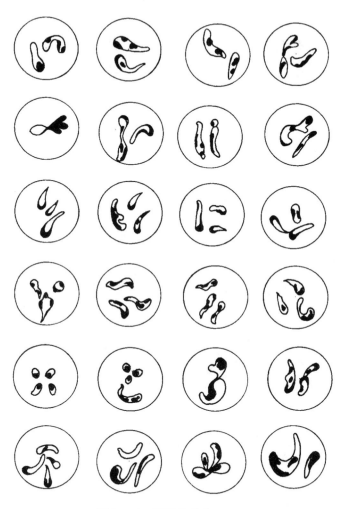

图 3 – 14 瑟氏泰勒虫（三）

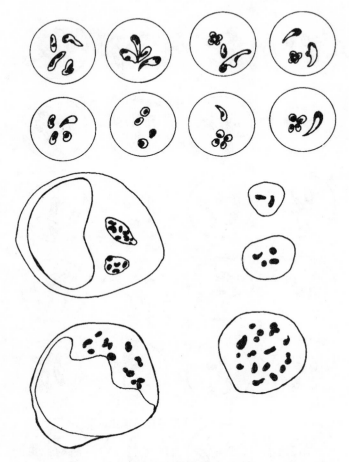

图 3 - 15　瑟氏泰勒虫（四）

　　红细胞的染虫率达 50% ~ 60%。依病程不同，虫体可分为 3 型：大型（大小等于红细胞半径）多出现于病的初期；中型（大小等于红细胞半径 1/2）多出现予病的发展过程中；小型

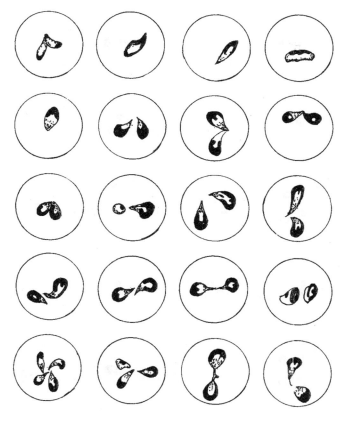

图 3-16　牛双芽巴贝斯虫

（大小等于红细胞半径 1/4）多出现于病马治愈期和带虫期。但并非一定时期只有一种类型的虫体，而仅是这种类型虫体占优势。

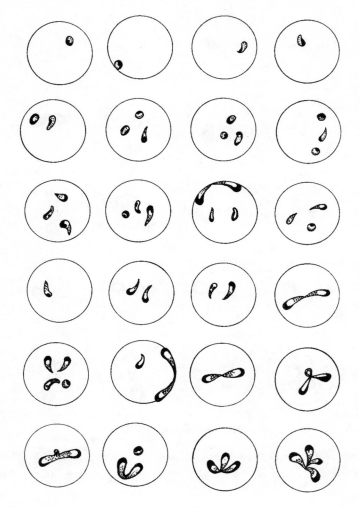

图 3 - 17　牛巴贝斯虫

图 3 – 18　马巴贝斯虫（一）

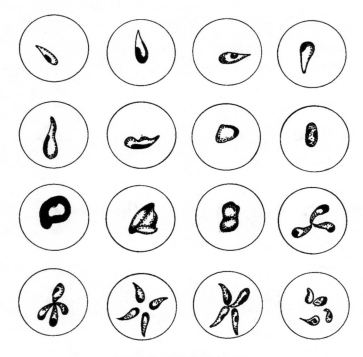

图 3 - 19　马巴贝斯虫（二）

第四节　毛滴虫的检验技术

一、雄性动物毛滴虫的检验

对公牛胎儿三毛滴虫感染尚无可靠的检出方法。汲取一些敏感性较强的培养方法的优点，对显微镜直接检查法加以改进，就很可能找到这种寄生虫。

【操作步骤】

（1）将加温过的已消毒的磷酸盐缓冲液吸入注射器，并在注射器上连接一塑料移液管。

（2）将移液管插进包皮腔内30cm左右。

（3）助手持注射器，术者用一只手将包皮口封闭。

（4）助手将盐水注入包皮腔，取下注射器并用手指摁住移液管的自由端，使其封闭。

（5）术者用另一只手迅速按揉腔内液体，同时将包皮环固定住，防止液体流失；至少用力按摩10次。

（6）术者按摩完毕后，助手将移液管的自由端放入普通或容量稍大的瓶中，同时将按压的手指松开。

（7）助手逐步抽回移液管，让盐水流入瓶中。在术者指导下，慢慢逐步抽出移液管时，液体会不断流入瓶中。术者按揉包皮口可帮助液体回流，同时可防止液体从包皮环和移液管之间流出。

这种方法需要回收20~25mL液体用于实验室检验。移液管是一次性的，不应当重复使用。注射器也宜用一次性的塑料制品。应适当节约使用器械，因为器械随时都可污染尿或流失的液体。所以，没有回收到20mL冲洗液时，应当重复操作。

（8）将包皮冲洗液置于离心机中，以2 000r/min的转速，离心10min。弃去上清液。取一滴离心沉淀物滴于显微镜载玻片上，仔细检查盖玻片下的全部范围。对任何一个能动的原生动物，都应检查是否有前鞭毛和波动膜。当存在波动膜时差不多就可作出诊断。

在冲洗液中见到的运动可能是由活动的精子和细菌所引起，布朗运动则是游离的活鞭毛虫和纤毛虫引起的。某些游离的活原生动物与胎儿三毛滴虫很相似，重要的是要充分了解这样的原生动物有可能出现在公牛包皮的冲洗液中。

二、雌性动物毛滴虫的检验

从阴道排出物中往往可以通过显微镜观察到毛滴虫，也可以用特异性凝集素来证实阴道黏液中胎儿毛滴虫的存在。对已知感染的雌性动物，这两种诊断方法都可能产生变化不定的结果。因此，必须对雌性动物全群进行检验，期望群中至少有几头患有此病，这样才会得出阳性结果。

如进行直接检查，最佳的采样时间是发情前一周内；而用于凝集试验的样品，最佳采集时间是发情后 5~10d。

（一）直接检查

【操作步骤】

（1）取一根长约 45cm、外径 6mm、内径 4mm 质地坚硬的塑料长管，将其一端在火焰上逐渐加温封闭。用锥子或者烧热的针头在塑料管封闭端 3cm 范围内扎 16 个孔，使其分布在塑料管的四周，以便收集的液体向各个方向喷射。

（2）将无菌的磷酸盐缓冲盐水吸入连接在注射器上的长塑料管内，以便排除塑料管内的空气。

（3）将塑料管的封闭端插入阴道，到达子宫颈为止。迅速将盐水注入阴道内，再吸回注射器内，这样反复操作 4~6 次。

（4）为防止液体流散，必须将塑料管沿阴道底部来回移动。把塑料管内的内容物排入普通容器中。每个动物单独使用一根长管和注射器。管子可以煮沸消毒后再使用。

（5）将阴道冲洗液置于离心机中，以 2 000r/min 转速，离心 10min。弃去上清液。取一滴离心沉淀物滴在显微镜载玻片上，仔细检查盖玻片下的全部范围。

子宫集脓的病例，差不多总是存在有鞭毛虫。而在其他的病例、刚流产后或患病的后期阶段及将要发情之前的阴道排出物中存在有这种寄生虫。

（二）凝集试验

在感染动物的阴道黏液中，往往可查出胎儿毛滴虫的凝集素。子宫积脓的病例，经常存在有滴度不同的凝集素，其他动物则在发情后 4~5d 期间，常可查出凝集素。

如果黏液中有一些血液，则应采集另一份样品（血清中含有非特异性的凝集素，一小滴便会发生凝集现象）用于黏液凝集试验，以敞口试管收集未稀释过的黏液。

【操作步骤】

（1）将水浴的温度调整到 56℃（高于琼脂的熔点 10℃）。

（2）在沸水中熔化一瓶琼脂。

（3）用生理盐水将黏液进行 1：5 稀释，放入组织匀浆器中乳化。

（4）每份样品需要 4 支试管——两支标为 1：10，另两支标为 1：20。

（5）在 1：10 的管内各吸加 2mL 黏液，在 1：20 的管内加 1mL 黏液及 1mL 生理盐水。

（6）设两支对照管，其中各吸加 2mL 生理盐水。

（7）将所有的管子均放入 56℃水浴箱内。

（8）将无菌移液管加热（防止琼脂凝固），给每管中加入 2mL 已熔化的琼脂。

（9）将此混合物倒入贴有相应标签的培养皿中，并使其冷却。

（10）将毛滴虫加入生理盐水与 1% 葡萄糖肉汤（比例为 2：1）混合液内，制备成毛滴虫抗原。

（11）在每个培养皿中加入 1.5mL 毛滴虫抗原。

（12）将培养皿放置在37℃温箱中，孵育90min后取出，并盖上盖子，再在工作台上放置90min。

（13）在显微镜下观察凝集反应的结果。

【判定标准】

不同浓度的抗体所产生的凝集反应结果可按表3－10标准记录。

表3－10　凝集试验结果标准

凝集程度	记录
凝块非常大，几乎不活动	＋ ＋ ＋ ＋ ＋
凝块大，非常致密，虫体鞭毛略微活动	＋ ＋ ＋ ＋
有活动力的虫体形成大凝块，并有少数游离的未凝集虫体	＋ ＋ ＋
活动力很强的虫体凝集成小凝块	＋ ＋
培养物松散，偶而有少数活动的虫体形成小凝块，并有许多未凝集的虫体	＋

这些标准的基本原理阐述如下。

毛滴虫的能动性在抗体浓度较低时，可以充分保持，这些寄生虫经常互相接触，松散地联结在一起，而且容易散开，再成为游离状态，维持其正常的形态。当凝集素浓度增高时，这种原生动物粘连更加坚固。接触时，形成较大的凝集块，有少数散开呈游离状态，此时其活动力足以使凝集的团块旋转而形成圆形的凝块。

该试验中，如果1：20的黏液稀释液得到"＋ ＋ ＋""的结果，则表示可能有毛滴虫感染。但一定要证明有该寄生虫存在时，才可予以确诊。

三、鉴定技术

毛滴虫科包含 3 个属：带有三根前鞭毛的三毛滴虫属、四根前鞭毛的四毛滴虫属和五根前鞭毛的五毛滴虫属。

大多数脊椎动物的肠道中都有一种或多种作为正常共栖者的毛滴虫。阴道毛滴虫和鸡毛滴虫分别为对人和鸽子致病的虫种。胎儿三毛滴虫是牛不育的原因之一，在牛妊娠的前八周期间也常常引起流产（图 3 – 20）。

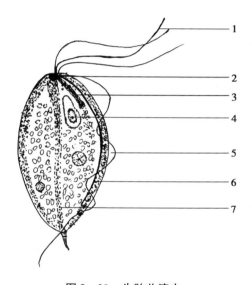

图 3 – 20　牛胎儿滴虫
1. 前鞭毛；2. 鞭毛体；3. 副基体；4. 细胞核；
5. 波动膜；6. 侧轴；7. 纵轴

未染色的标本仅可观察到以下部分：波动膜、伪足轴的后面突出部分、前部鞭毛（通常不能辨认出它的实际数目）和表明核位置的圆形或卵圆形折射体。很少见到后部鞭毛。在不适宜的环境中，毛滴虫可能变为球形，此时显得稍大一些，与白细胞相比更容易折光，且颗粒较少。

如发现虫体，最好用吉姆萨液染色后仔细观察，染色可按下述进行：

【操作步骤】

（1）取一滴待检样品滴于一张干净载玻片的一端，以另一载玻片将液滴推成薄膜。

（2）室温下自然干燥后，用甲醇固定2min，弃掉甲醇。

（3）将载玻片浸入吉姆萨染色液中，染色30min。

（4）将载玻片取出，用吸水纸吸干多余染色液。

（5）晾干后，显微镜下观察。

在姬姆萨染色标本中，虫体呈瓜子形、纺锤形、梨形、卵圆形、圆形等各种形状。虫体长为9～25μm，宽为3～16μm，细胞核近似圆形，位于虫体的前半部，一簇副基体位于细胞核的前方。原生质呈淡蓝色泡状结构；细胞核和毛基体呈红色；鞭毛呈暗紫色或黑色；轴柱的颜色比原生质浅。

第五节　组织滴虫的检验技术

组织滴虫病（黑头病）以前是火鸡和雏鸡的一种重要疾病，现在通过改进鸡舍环境和给予有效的预防药物已被控制。这种疾病在自由放牧区的禽类，特别是在其他的鹑鸡类禽种，如雉鸡、孔雀等，可以持续存在。火鸡组织滴虫可引起肠肝炎，在盲肠和肝脏的典型坏死病灶中可以大量发现这种组织滴虫。

除了根据组织病变识别该病外，黑头病最可靠的诊断方法是在新鲜固定的组织染色切片中观察到寄生虫。该寄生虫用苏木精—伊红染色通常不着色，而采用改良姬姆萨染色法通常可以得到良好的结果。

【操作步骤】

（1）将病变明显的组织在卡诺伊（Carnoy）固定液（附录Ⅱ）中固定 3～6h。

（2）用 90% 乙醇中漂洗，期间更换乙醇两次，每次漂洗 1h。

（3）脱水，并用石蜡包埋。

（4）将切片放入水中。

（5）在表 3－11 染色液中染色至少 1h。

表 3－11　染色液组成

物质	用量
吉姆萨染色液	10mL
丙酮	10mL
纯甲醇	10mL
蒸馏水	100mL

（6）用蒸馏水迅速冲洗，并放在含有 15% 松香树脂的丙酮中分化。

（7）用表 3－12 混合液洗涤后，在显微镜下检查。

表 3－12　洗涤液

物质	用量
丙酮	70mL
二甲苯	30mL

（8）如切片需长久保存，可用二甲苯透明，并用加拿大树

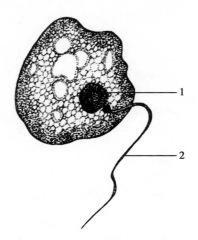

图 3 – 21　火鸡组织滴虫

1. 核体；2. 鞭毛

胶封固。

第六节　弓形虫的检验技术

当畜禽患有弓形虫病时，重点要检查宿主体内有无弓形虫的滋养体和包囊。

【操作步骤】

（1）取患病动物（尚未死亡）的腹水、血液（发热期间）、脑脊髓液、眼房水、唾液等体液或病死动物的肺、肝、淋巴结等脏器进行抹片。

（2）待其自然干燥后，用甲醇固定 2～3min。

（3）吉姆萨染液或瑞氏染液染色 10～30min。

（4）镜检有弓形虫的滋养体或包囊（图 3 – 22）存在。

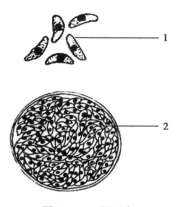

图 3 – 22　弓形虫

1. 滋养体；2. 包囊

检查弓形虫包囊型虫体时应注意：需将虫体寄生的组织制成切片或压片以后再染色镜检。

第七节　结肠小袋纤毛虫的检验技术

当猪患结肠小袋纤毛虫病时，在粪便中可检查到活动的虫体（滋养体）。

但是，在粪便中的滋养体会很快变为包囊（图 3 – 23）。

【操作步骤】

（1）检查时，取新鲜的猪粪便一小团，放在载玻片上，加 1 ~ 2 滴温热的生理盐水混匀，挑去粗大的粪渣，盖上盖玻片。

（2）首先迅速进行活滋养体检查：涂片应较薄，气温愈接近体温，滋养体的活动愈明显。

（3）如不能发现活动的滋养体，则应进行碘液染色检查包囊：直接涂片（方法同上），以一滴碘液（见附录Ⅰ）代替生理

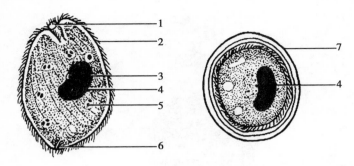

图 3 – 23   结肠小袋纤毛虫

1. 胞口；2. 纤毛；3. 小核；4. 大核；5. 食物泡；6. 胞肛；7. 囊壁

盐水，如碘液过多，可用吸水纸从盖玻片边缘吸去过多的液体。

　　虫体经碘液染色后，细胞质呈淡黄色，虫体内含有的肝糖呈暗褐色，核则透明。

（项海涛、骆学农、温峰琴）

第四章 寄生虫病免疫诊断技术

免疫学诊断是根据寄生虫感染的免疫机理而建立起来的较为先进的诊断方法。如果在患病动物体内查到某种寄生虫的相应抗体或抗原时，即可作出诊断。该方法具有简便、快速、敏感、特异等优点。但是由于寄生虫虫体结构复杂，寄生虫在不同的生活史或发育阶段产生不同种的蛋白质，而这些蛋白都可能作为抗原或产生抗体。所以寄生虫病的免疫过程十分复杂，有时会出现假阳性、假阴性，从而影响诊断的准确性。应用时须加以克服。

随着寄生虫学和免疫学的快速发展及相互渗透，越来越多的动物寄生虫病以及重要的人兽共患寄生虫病等已经相继建立了许多免疫诊断的方法，并且得到了广泛应用。

第一节　皮内试验

皮内试验是利用宿主的速发型变态反应，将特异抗原液注入宿主皮内，观测皮丘及红晕反应，以判断宿主体内有无特异性抗体（IgE）存在的试验方法。利用宿主机体变态反应的局部皮肤表现来判断其有无感染，一般分为速发型皮内反应和迟发型皮内反应两种。速发型一般在 1~20min 内即可判断结果，而迟发型一般在 6~48h 方可判定结果。

该法在棘球蚴病、弓形虫病、旋毛虫病、片形吸虫病、肺吸虫病、血吸虫病、多头蚴病、猪囊虫病、冠尾线虫病、后圆线虫病、蛔虫病、马脑脊髓丝虫病、锥虫病等曾有试用的报道，具有敏感性高，操作简便，反应和读取结果快速，不需特殊仪器设备，适宜现场应用等优点。但由于所用抗原不纯等原因，皮内试验存在较严重的假阳性反应和交叉反应，致使本法在寄生虫病诊断中的应用受到限制。

近年有试用纯化抗原作皮试，有望提高本法的特异性。以下简单介绍棘球蚴病、弓形虫病和旋毛虫病皮内试验方法。

一、棘球蚴病皮内试验

该法是 1911 年由 Casoni 首创，最早用于诊断寄生虫病的方法。因此，又称 Casoni 反应。

【操作步骤】

（1）无菌条件下抽取棘球蚴囊液，过滤（主要是滤去头节）后作为抗原。

（2）在收集的上述抗原中加入 0.5% 氯仿作为防腐剂，密封保存于冷暗处，可延长抗原使用期，保存期可达 6 个月。

（3）于宿主动物皮内（最好是颈部）注射 0.1 ~ 0.2mL 棘球蚴抗原；同时，在距注射部位一定距离处用等量生理盐水同法注射作为对照。

【判定标准】

注射后 5 ~ 10min，在注射部位出现红肿，红肿面积直径 5 ~ 20mm 者即判为阳性。

二、弓形虫病皮内试验

Frenkel 于 1948 年首先将皮内实验应用于弓形虫病的诊断。该法与常规染色镜检的阳性符合率达 96% ~ 98%。

【操作步骤】

（1）收集人工感染弓形虫的小鼠腹水或鸡胚液。

（2）离心浓集虫体，加蒸馏水后，反复冻融或超声波破碎虫体。

（3）将上述虫体裂解液冻干后，即得到皮内试验抗原。

（4）将稀释的抗原 0.2mL 注射于猪耳根部皮内，48h 后注射部位皮肤出现红肿。

【判定标准】

红肿面积超过 15mm 者为阳性，10～15mm 为可疑，9mm 以下为阴性。

三、旋毛虫病皮内试验

Maynard 于 1964 年发现用旋毛虫幼虫抗原对旋毛虫感染者做皮内实验可以产生阳性反应。

（一）抗原制备

【操作步骤】

（1）取人工感染旋毛虫肌幼虫 30d 后的小鼠、大鼠或仔猪的横纹肌，剪碎或用绞肉机绞碎，按肉重量的加入 10 倍量的人工胃液（胃蛋白酶 1%，活性 1：3 000，盐酸 1%），置 37℃恒温箱中，搅拌消化 15～20h，用自来水反复冲洗，最后收集沉淀，得到纯净的旋毛虫脱囊肌幼虫。

（2）将纯净肌幼虫用灭菌生理盐水洗涤 3～4 次，移入每毫升含 3 000 单位卡那霉素的灭菌生理盐水中，置 4℃冰箱中过夜，再用灭菌生理盐水洗涤 3～4 次，除去卡那霉素。

（3）按旋毛虫肌幼虫自然下沉压积体积加入 4 倍量的硼酸缓冲液（pH 值 8.3），于玻璃匀浆器中研磨 15min，然后在 -20℃速冻，30℃水浴速融，反复冻融 5 次。

（4）所得匀浆用硼酸缓冲液（pH 值 8.3）5 倍稀释，超声波间隙破碎 15min，至无虫体残片为止。所得匀浆再用硼酸缓冲液（pH 值 8.3）稀释 5 倍，4℃冰箱中浸出 24h。

（5）将以上碱性匀浆 3 000r/min 离心 30min，弃残渣。

（6）上清液中徐徐加入冰醋酸（pH 值 4.6）使成酸性。

（7）在 4℃冰箱中放置 24h，3 000r/min 离心 30min，弃沉淀。

（8）上清液用硼酸缓冲液（pH 值 9.0）调成中性，即为旋毛虫皮内试验抗原。宜于冷暗处存放（4℃保存有效期为 1 年，室温保存有效期为 3 个月）。

（9）取抗原 0.2mL，注射于猪耳后颈部皮内，注射正确的就会在注射部位形成一个豆粒大小的水泡，然后观察皮肤反应。

【判定标准】

阳性反应：注射后 10～20min 内，注射部位的局部水泡变红变暗，形成直径 1cm 以上的暗紫红色斑点，并保持 30min 以上。

阴性反应：注射部位的局部水泡无变化，在 10min 左右消失。或仅出现淡红色斑点，但在 30min 内很快消失。

第二节　沉淀试验

宿主感染寄生虫后，其血清中即含有特异性抗体，此抗体与病原体的抗原相结合而产生沉淀，可由此测定家畜体内是否存在抗体以判定家畜是否感染某种寄生虫。

一、免疫扩散沉淀试验

免疫扩散沉淀试验的原理是当可溶性抗原与其相应的抗体在溶液或凝胶中彼此接触时所产生的抗原抗体复合物，可成为肉眼可见的不溶性沉淀物。可据此进行抗原、抗体的定性及定量分析。但在寄生虫病临诊诊断中，多采用已知抗原测相应抗体，以判定被检者血清中是否含有抗体或宿主被某种寄生虫感染。

一般说来，免疫扩散沉淀试验都具有比较简单、方便、易行，且准确、可靠、重复性好等优点。免疫扩散沉淀试验虽可在玻璃管或毛细玻璃管中进行，但目前大多在琼脂凝胶平板中进行。琼脂凝胶呈多孔结构，孔内充满水分，其孔径大小决定琼脂浓度。1%琼脂凝胶的孔径约85nm，因此能允许各种抗原抗体在琼脂凝胶中自由扩散。当二者在比例适当处相遇，即发生沉淀反应。反应产生的沉淀因其颗粒较大，故在凝胶中不再扩散，而形成肉眼可见的沉淀线。已在寄生虫病诊断上采用的免疫扩散沉淀试验有单向单扩散、单向双扩散、双向单扩散、双向双扩散、琼脂扩散抑制试验、对流免疫电泳和酶标记对流免疫电泳等。

曾有文献报道，可以用免疫扩散沉淀试验进行诊断的寄生虫病有马媾疫、伊氏锥虫病、巴贝西虫病、冠尾线虫病、旋毛虫病、片形吸虫病、血吸虫（日本分体吸虫）病等。现将家畜锥虫病琼脂扩散试验和对流免疫电泳方法介绍如下。

（一）锥虫病琼脂扩散试验

琼脂扩散试验是利用可溶性抗原与抗体在含有电解质的半固态琼脂内产生扩散作用，来检测某种寄生虫病的试验方法。如果抗原与抗体相对应，经过一段时间的扩散，两者相遇并达到适当比例时，互相结合形成白色沉淀线（带），依据沉淀线的出现与否来判断有无寄生虫感染。

本试验分单向扩散和双向扩散，寄生虫免疫检验中常用双向扩散试验，既可用已知的抗原来测定未知抗体，亦可用已知抗体检测未知抗原，还可用于测定抗体或抗原的效价。

【材料准备】

（1）抗原。用伊氏锥虫抗原液或伊氏锥虫的补体结合反应抗原的原液。

（2）标准阴性和阳性血清。用生物制品厂生产的标准锥虫马阴性和阳性血清。

（3）被检血清。即受检马血清，使用前不必灭活和稀释。

（4）生理盐水琼脂凝胶（1.2%）平板。生理盐水琼脂凝胶（1.2%）配方如表4-1。

表4-1　配方

物质	用量
精制琼脂粉	1.2g
氯化钠	0.9g
蒸馏水	100mL
1%硫柳汞	1mL（0.01g）
1%甲基橙液	4～15滴

注：按上述试剂用量称取试剂，放入三角烧瓶内，沸水中加热溶化后即可

将冷却至50～60℃的凝胶液小心倒入平皿内，形成约5mm厚的琼脂层即为凝胶平板。制琼脂凝胶平板时尽量一次倒成，使表面平整，厚薄均匀，待琼脂层凝固后即可使用。暂时不用的平板，保存于普通冰箱中半年有效。

【操作步骤】

（1）取备好的琼脂平板，以直径5～8mm的打孔器在琼脂平板上打孔，并使孔对称分布。试验效果较好的打孔图案一般是中央一个孔（直径7mm），周围6个孔（直径5mm），各距中央孔2～3mm，打孔后，用尖头镊子或解剖针挑出孔中的琼脂块。

（2）将琼脂凝胶平板置于酒精灯上适当加热，使底部凝胶

融化，以封闭孔底。

（3）将平板上各孔编号，用移液管吸取锥虫抗原注入中央孔内，然后向周围四孔分别加入待检血清，留下二孔分别加标准阳性和阴性血清，各孔滴加量以加满但不溢出为宜。

（4）将平板放在室温下（22℃以上）或 25～30℃ 恒温箱中孵育，24h 后肉眼观察结果。如果用放大镜或解剖显微镜检查平板，将会更清晰。

【判定标准】

在平板底下衬以黑色背景，并使光线从底下照射，与平板成 45 度角，这样很容易看到沉淀线。在抗原孔与被检血清孔之间出现白色沉淀线者为阳性反应，无沉淀线者为阴性反应。

（二）家畜锥虫病对流免疫电泳试验

对流免疫电泳是一种快速敏感的检测技术。在电场中，抗原和抗体相对泳动，增加了相遇的机会又克服了琼脂双向扩散时抗原、抗体各方向自由扩散的倾向，从而提高了检出率。此方法简单易行，短时间内即可完成，特异性较强，较免疫扩散法敏感 10～20 倍。既可检测血清抗体，也可检测循环抗原，被广泛应用于多种寄生虫的免疫检验。

【材料准备】

（1）抗原。用生物制品厂生产的伊氏锥虫抗原。

（2）标准阴性和阳性血清。用生物制品厂制作的标准阴性和阳性血清。

（3）被检血清。采取疑似媾疫马或伊氏锥虫病畜的血清，使用时不必灭活和稀释。

（4）巴比妥钠–盐酸缓冲液（表 4–2）。

表 4 – 2　缓冲液组成

物质	用量
巴比妥钠	9g
0. lmol/L 盐酸	165mL
蒸溜水	1000mL

注：加温溶解后将 pH 值调为 8.6，备用

【操作步骤】

（1）取精制琼脂粉 1g，0.1mol/L 巴比妥钠 – 盐酸缓冲液 1 000mL，加热熔化。

（2）用吸管吸取 7mL，滴加于 4cm×8cm 的玻璃板上，待凝胶凝固后打 2 列孔，孔径 5mm，孔间距 5mm，列间距为 7mm。

（3）填加抗原和血清，右列孔加被检血清和对照血清，并注意标记血清号，左列孔加抗原，滴加量以不溢出为宜。为节约抗原，可将抗原稀释 4～6 倍再滴加。

（4）将电泳仪接通电源，向电泳槽内添加 0.1mol/L 巴比妥钠 – 盐酸缓冲液，用导线连接电泳仪与电泳槽。

（5）将琼脂平板放在电泳槽的支架上，琼脂板"抗原列""接负极，"血清列""按正极，用两层缓冲液浸润的滤纸连接琼脂板与电泳槽内的缓冲液。

（6）调节电流和电压，按每厘米宽的琼脂板 2～4mA 的直流电，每厘米长琼脂板 25～50V 电压，接好滤纸后，打开电泳仪开关。

（7）完成上述各步骤后，观察 10min，待电流电压稳定后，再泳动 3h 即可观察结果。

【判定标准】

凡在抗原孔与血清孔之间出现白色沉淀线者为阳性，反之为阴性。

此法诊断马媾疫或伊氏锥虫病时，最早出现沉淀线的时间为26min，多数在70min 时出现沉淀线，最晚的为180min。

二、活体沉淀试验

活体沉淀试验是寄生虫病所特有的免疫诊断方法。它是将寄生虫的活幼虫或虫卵放于被检血清内，如果在幼虫或虫卵周围或某一部位形成沉淀，则表示被检血清内已含有抗体或被检者已感染该寄生虫。目前，采用这一原理进行寄虫病诊断的方法有血吸虫病环卵沉淀试验、尾蚴膜反应、肺吸虫后尾蚴膜反应和蛔虫、旋毛虫环蚴沉淀试验等。

（一）环卵沉淀试验

环卵沉淀试验是以血吸虫虫卵为抗原的特异免疫血清学试验。卵内毛蚴或胚胎分泌排泄的抗原物质经卵壳微孔渗出，与待检血清样品内的特异抗体结合，可在虫卵周围形成特殊的抗原－抗体复合物沉淀。

【操作步骤】

（1）取人工感染日本血吸虫的兔肝，捣碎后，经分层过滤、离心沉淀或以胰酶消化肝组织。

（2）将制得的虫卵悬液加福尔马林醛化，减压低温干燥制成干卵备用。

（3）在载玻片或凹玻片上滴加被检血清一滴，挑取适量干卵（100～150 个）混于血清中，覆以盖玻片，四周用石蜡密封。

（4）置37℃恒温孵育24～48h 后，低倍镜下检查结果。

【判定标准】

典型的阳性反应为在虫卵周围出现泡状、指状、片状或细长弯曲状的折光性沉淀物，边缘整齐，与卵壳牢固粘连。阳性反应根据反应卵的百分率和反应强度分别判定。阴性反应必须看完全片。

反应结果分级判定结果见表4-3。

表4-3　反应结果制定

沉淀物	片状沉淀物量	其他沉淀量	分级判定
卵周出现泡状、指状沉淀物的面积小于卵周面积的1/4	片状沉淀物小于1/2	细长曲带状沉淀物不足卵的长径	（+）
卵周出现泡状、指状沉淀物的面积大于卵周面积的1/4	片状沉淀物大于1/2	曲带状沉淀物相当或超过卵的长径	（++）
卵周出现泡状、指状沉淀物的面积大于卵周面积的1/2	片状沉淀物面积等于或超过卵的大小	曲带状沉淀物超过卵长径数倍	（+++）

（二）尾蚴膜反应

尾蚴膜反应是以尾蚴为抗原的一种血吸虫感染血清反应，是对吸血虫的免疫诊断。尾蚴膜反应具有较高的敏感性和特异性，早期阳性率可达100%，病程较长者可有假阴性，阳性率为95%以上。

【操作步骤】

（1）于载玻片或凹玻片上滴加被检血清（保存4d以上的样品应加入0.10mL补体和适量青霉素）0.05~0.10mL。

（2）用细针挑取活尾蚴（逸出10h内）或冻干尾蚴（室温可保存30d）10条左右置于血清中，加盖玻片石蜡密封。

（3）恒温25℃孵育24h后，低倍镜下观察尾蚴表膜是否有膜状免疫复合物形成。

【判定标准】

阳性反应为尾蚴周围有胶状膜形成（表4-4）。

表 4 - 4　判定标准

膜反应特点	判定标准
尾蚴体表无胶状膜反应，口部或表膜周围可见泡状或絮状沉淀物	（－）
尾蚴体表的全部或局部形成一层不明显的、平滑而有折光的胶状薄膜	（＋）
尾蚴体表形成一层较厚、有皱褶的透明胶状膜或套状膜。由于尾蚴的活动，有时可见游离的空套膜	（＋＋）

第三节　凝集试验

　　凝集反应是原生动物等颗粒抗原或表面覆盖抗原的颗粒状物质（如聚苯乙烯胶乳、碳素等），与相应抗体在电解质存在下的成团作用而引起的。在原虫等颗粒性抗原与相应抗体所产生的凝集反应中，参与反应的抗原称凝集原，抗体称为凝集素。

　　凝集反应的种类很多，但用于寄生虫病免疫反应诊断的凝集试验主要包括直接凝集试验和间接凝集试验，其共同特征是操作简便，反应快速，敏感性高；缺点是容易发生非特异性反应。所以在做凝集试验时，必须设置阴性血清、阳性血清和生理盐水等对照，以排除非特异性凝集。

一、直接凝集试验

　　直接凝集反应是颗粒性抗原与凝集素直接结合而产生的凝集现象。在寄生虫病直接凝集试验中，所用抗原多为微小原生动物活的虫体，所以也称活抗原凝集试验。

　　活抗原凝集试验在马、牛伊氏锥虫病，牛胎儿毛滴虫病和弓形虫病中曾有应用。以下为伊氏锥虫病活抗原凝集试验的方法。

【操作步骤】

　　（1）自感染伊氏锥虫的实验动物采血，在血液中可见大量虫体时，将所采血液以阿氏液（见附录Ⅱ）稀释。

（2）以在显微镜下 450～600 倍放大时，每个视野中含虫体 30～50 个，并见虫体运动活泼，无自然团集现象为准。

（3）取被检血清 1 滴于载玻片上，再加入 1 滴上述活虫，混匀，置 37℃恒温箱中孵育，20～30min 后取出镜检。

【判定标准】

虫体后端相互靠拢，成菊花状排列，但虫体仍保持活动者即为阳性反应。

二、间接凝集试验

间接凝集试验是将可溶性抗原吸附于某些载体表面，在电解质存在条件下，这些吸附抗原的载体颗粒与相应抗体发生凝集反应。由于是抗原与相应抗体的结合使载体颗粒发生凝集，故称为间接凝集，又称为被动凝集。红细胞是一种常用的抗原载体，用红细胞作抗原载体的凝集反应称间接血凝试验。如果将抗体吸附于红细胞表面检测抗原则称为反向间接血凝试验。若以定量已知抗原液与血清样本充分作用后测定其对红细胞凝集的抑制程度，则称为间接血凝抑制试验。除红细胞外，聚苯乙烯乳胶、活性炭、皂土、卡红、火棉胶、胆固醇－卵磷脂等，也可用作可溶性抗原的载体，其试验可分别以载体命名，即胶乳凝集试验、碳素凝集试验和皂土凝集试验等。

曾用间接凝集试验作诊断的寄生虫病有弓形虫病、旋毛虫病、猪囊虫病、血吸虫病、疟疾、锥虫病、肺吸虫病、华支睾吸虫病、棘球蚴病和蛔虫幼虫内脏移行症等。特别是近年来，一些表面带有化学功能基团的载体颗粒的应用，大大提高了凝集试验的稳定性、敏感性和特异性，从而使其应用更加广泛。现分别以某种寄生虫为例，将间接血凝试验、胶乳凝集试验和碳素凝集试验分别介绍如下。

（一）弓形虫病间接血凝试验

由于本法具有快速、简易、实用及效果确实的优点，已广泛用于弓形虫病的诊断及流行病学调查。

【材料准备】

（1）抗原（诊断液）。用中国农业科学院兰州兽医研究所生产的弓形虫间接血凝试验冻干抗原（效价≥1：1 024），检测人和动物血清或滤纸干血滴中的弓形虫抗体。用前按标定毫升数用灭菌蒸馏水稀释摇匀，1 500~2 000r/min 离心 5~10min，弃去上清液，加等量稀释液摇匀，置4℃左右24h 后使用。稀释后的抗原液称诊断液，4℃左右保存，10d 内效价不变。

（2）标准阳性和阴性血清。用中国农业科学院兰州兽医研究所生产的弓形虫标准阳性血清（效价≥1：1 024）和标准阴性血清（效价≤1：4）。

（3）被检血清。无菌采动物静脉血液约 1~2mL，静置自然析出血清或待血液凝固后以 1 500~2 000r/min 离心分离血清，56℃水浴灭活 30min，预冷，用健康公绵羊红细胞（按血清与红细胞体积比约 1：1 混匀）室温吸附 2h（或 4℃冰箱过夜），1 500~2 000r/min 离心 10min，取上清（要求无血球、无溶血、无杂菌污染），置4℃冰箱备检。

（4）血凝反应板。96 孔 110 度 V 型有机玻璃微量血凝反应板。

（5）稀释液。取含 0.1% 叠氮钠的磷酸缓冲液（PBS）98mL，56℃灭活 30min 的健康兔血清 2mL，混合，无菌分装，4℃保存备用。

（6）磷酸盐缓冲液（0.15mol/L，含 0.1% 叠氮钠），见表 4-5。

表4-5 磷酸盐缓冲液组成

物质	用量
磷酸氢二钠	19.34g
磷酸二氢钾	2.86g
氯化钠	4.25g
叠氮钠	1.00g
去离子水	1 000mL

溶解后过滤分装，高压灭菌

【操作步骤】

（1）加稀释液：取96孔V型反应板，于各孔加0.075mL稀释液。

（2）加待检血清：取待检血清0.025mL加入第一列孔中，用移液器反复吹吸混匀后，取0.025mL加入第二列孔，混匀后再取0.025mL加入第三列孔中，如此4倍稀释至第6列孔，混匀即1：4 096，弃去0.025mL。

（3）加标准血清对照：每次试验须同时做标准阴、阳性血清及稀释液空白对照，标准阳性血清对照应稀释至1：4 096，标准阴性血清对照应稀释至1：64，标准阴、阳性血清稀释方法同待检血清。

（4）加诊断液：将诊断液摇匀，每孔加0.025mL，加完后将反应板置微型振荡器上振荡1~2min，直至诊断液中的血球分布均匀。

（5）取下反应板，盖上一块玻璃片或干净纸，以防落灰，置22~37℃下作用2~3h后观察结果。

【判定标准】

在阳性对照血清滴度不低于1：1 024（第5孔），阴性对照血清除第1孔允许存在前滞现象（＋）外，其余各孔均为

（－），稀释液对照为（－）的前提下，对待检血清进行判定，否则应检查操作是否有误；反应板、移液器等是否洗涤干净；以及稀释液、诊断液、对照血清是否有效（表4－6）。

表4－6　判定标准

凝集情况	判定标准
100%红细胞在孔底呈均质的膜样凝集，边缘整齐、致密。因动力关系，膜样凝集的红细胞有的出现下滑现象。	（＋＋＋＋）
75%的红细胞在孔底呈模样凝集，不凝集的红细胞在孔底中央集中成很小的圆点。	（＋＋＋）
50%的红细胞在孔底呈稀疏的凝集，不凝集红细胞在孔底中央集中成较大圆点。	（＋＋）
25%的红细胞在孔底凝集，其余不凝集的红细胞在孔底中央集中成大的圆点。	（＋）
所有的红细胞均不凝集，并集中于孔底中央呈规则的最大的圆点。	（－）

以待检血清抗体滴度达到或超过1∶64判为阳性，判（＋＋）为阳性终点

（二）旋毛虫病乳胶凝集试验

以聚苯乙烯乳胶微粒为载体的间接凝集试验。即用抗原或抗体致敏乳胶，再以此致敏乳胶检测相应的抗体或抗原。

【材料准备】

（1）虫体抗原的制备。取人工感染旋毛虫 35～40d 的大白鼠，剖杀，取其横纹肌用绞肉机绞碎，置人工胃液中39℃消化 4～6h，网筛过滤，生理盐水充分洗涤，自然沉降 得纯净虫体，冷冻干燥。

取冻干虫体 100g，加 5mL 0.1mol/L 的 PBS（pH 值 7.4）于玻璃组织研磨器内充分研磨，研磨液反复冻融 3 次，超声波裂解后，置4℃冰箱过夜。于 4℃条件下 15 000 r/min 高速离心 1h，上清液加 0.1% 叠氮钠，－20℃保存备用。凯氏微量定氮法测蛋白含量。用时以 0.1mol/L 的 PBS（pH 值 7.4）调整蛋白浓度。

（2）阳性血清。人工感染旋毛虫 35 ~ 40d 后采血分离的猪或大白鼠血清。

（3）阴性血清。压片法和消化法检查均未发现旋毛虫寄生的猪或大白鼠血清。

（4）待检血清。宰前采血分离的猪血清。

（5）致敏乳胶试剂的制备。以苯乙烯为单体，在其乳液聚合过程中引入丙烯酸单体，得到表面带有羧基官能团的聚苯乙烯微球；于 4℃ 通过碳化二亚胺反应把氨基己酸的氨基与微球表面上的羧基相连接，成为末端带有羧基的微球衍生物；于 4℃ 通过碳化二亚胺反应把旋毛虫抗原的氨基与微球衍生物末端的羧基偶联，经离心洗涤后稀释成一定浓度的悬液，就得到带有旋毛虫抗原的免疫微球诊断试剂（乳胶抗原）。制得的乳胶抗原，在普通冰箱 4℃ 可保存 5 个月、12 ~ 15℃ 保存 10d，血清抗体反应的敏感性无显著变化。

【操作步骤】

（1）先用牙签或火柴棒蘸取待检血清 1 小滴（约 4 ~ 8μL），置黑底玻璃片上，再滴加 1 滴（约 40 ~ 50μL）乳胶抗原悬液。

（2）用牙签或火柴棒将血清和乳胶抗原悬液搅拌混合成直径 2cm 左右的圆圈，轻轻旋转摇动玻板 1 ~ 2min，使其充分混合均匀。

（3）在 10min 内，以肉眼观察凝集反应的程度来判定结果。每次试验均应用已知阳性和阴性血清作对照。

【判定标准】

在判定时间内，呈现明显而清晰可见的凝集颗粒者为阳性；未见凝集颗粒出现，仍为均匀一致的乳液状态者为阴性。

（三）猪囊尾蚴病炭粉凝集试验

该试验是以炭粉颗粒为载体，将已知的猪囊尾蚴囊液吸附于该载体表面，形成抗原炭粉结合物，即炭抗原。炭抗原与血液中的抗体相遇时，在电解质的参与下，二者发生特异结合，便形成肉眼可见的炭微粒凝集块，液体变得清亮，即为阳性反应。如果二者不结合，炭粉则堆积于液滴中央，成为一个摇而不散的黑炭团，即为阴性反应。

【材料准备】

（1）囊液。取适量新鲜囊尾蚴的囊液，经 3 000r/min 离心 20min，取上清液，加 1：10 000 的叠氮钠，保存于 1～3℃ 冰箱内备用。

（2）炭粉。炭粉的粒度最好在 0.015～0.125mm 的范围内，如达不到这个标准，用前需做预处理，常用的方法是离心法。即取 30g 炭粉放入大离心管中，加蒸馏水 100mL，边摇边研磨，直至均匀散开为止，然后以 300r/min 离心 3～5min，弃去沉下的粗炭粉，取含细炭粉的上层液以 3 000r/min 离心 30min，去上清液，沉于离心管底的沉淀物，即为供致敏用的湿炭粉。此外，也可用过筛法处理炭粉，即将木炭置乳钵中研磨后，再用 300 目的标准网筛过筛，收集筛后的炭粉备用。用此法筛选的炭粉颗粒较大，适合于以塑料盘做反应时应用。

（3）灭活。取囊液 20mL 置三角瓶内，取 0.1% 牛血清白蛋白（BSA）0.6mL、0.5% 硼酸（pH 值7.2）3mL、PBS 596.4mL 置于另一三角瓶内，将两个三角瓶同时放在 56℃ 恒温水浴箱中灭活 30min，备用。

（4）致敏。称取干燥炭粉 4g，放入盛囊液的三角瓶里，加入玻璃珠 20～30 粒，充分摇匀，在 37～45℃ 水浴中致敏 10min，然后加入 PBS 90mL，摇匀，继续致敏 1h，即成炭抗原溶液。致敏期间，每隔 10min 充分摇动一次。

（5）沉洗。第一次：将炭抗原溶液经 2 000r/min 离心

10min，弃去上清液，往沉淀物（视为溶质）中加入 0.1% 牛血清白蛋白、0.5% 硼酸（pH 值 7.2）和 PBS（视为溶剂）的混合液 5mL，混成溶液，在室温下静置 2h。第二次：往溶液中加入 PBS 溶剂 200mL，搅匀，经 3 000r/rnin 离心 10min，弃上清。第三次：往溶质中加入溶剂 200mL，搅匀，经 3 000 r/min 离心 20min，弃上清。再往溶质中加入溶剂约 80~90mL，充分混匀，即沉洗成纯炭抗原溶液，简称抗原。加入 1/1 000 叠氮钠防腐，保存于 1~4℃ 冰箱中备用。

【操作步骤】

（1）用小型手术刀将猪耳刺破，用吸管吸取 2mL 血液置于盛有 0.3mL 3% 柠檬酸钠溶液的小试管中。

（2）取抗凝血 1 滴于玻璃板圆圈（直径 3cm）内，加炭抗原 1 滴，混匀，于 1~3min 后观察并判定结果。

【判定标准】

液体变得清亮，即为阳性。炭粉堆积于液滴中央，摇而不散，即为阴性（表 4-7）。

表 4-7　判定标准

凝集情况	判定标准
炭末全部凝集，液体完全透明	（+ + + +）
炭末大部分凝集，液体透明	（+ + +）
炭末半凝集，液体比较透明	（+ +）
炭末不凝集，液体混浊	（+）
炭末不凝集，液体不透明	（-）

注：以 + + 及其以上作为判定猪囊尾蚴阳性猪的标准

第四节　酶联免疫吸附试验

　　酶联免疫吸附试验是一种常用的固相酶免疫测定方法。这一方法的基本原理是：①使抗原或抗体结合到某种固相载体表面，并保持其免疫活性；②使抗原或抗体与某种酶连接成酶标抗原或抗体，这种酶标抗原或抗体既保留其免疫活性，又保留酶的活性。在测定时，把待检标本（测定其中的抗体或抗原）和酶标抗原或抗体按不同的步骤与固相载体表面的抗原或抗体起反应。用洗涤的方法使固相载体上形成的抗原抗体复合物与其他物质分开，最后结合在固相载体上的酶量与标本中待检物质的量成一定的比例。加入酶的底物后，底物即被酶催化变为有色产物，产物的量与标本中待检物质的量直接相关，故可根据颜色反应的深浅进行定性或定量分析。由于酶的催化效率很高，可极大地放大反应效果，从而使测定方法达到很高的灵敏度。

　　现以旋毛虫为例，将 ELISA 法检测动物血清抗体的过程介绍如下。

【材料准备】

　　旋毛虫一般采用猪旋毛虫株作为标准虫株。虫体通过大鼠或小鼠传代保存。将去掉皮和内脏并已经磨碎的感染小鼠的胴体用 1% 的胃蛋白酶和 1% 盐酸置 37℃ 消化 3h，用含有双抗的 DMEM 培养基浸洗 3 次，每次 20min，并放在 DMEM 完全培养基中置 37℃、含 10% CO_2 环境中培养 18~20h。然后回收培养物，滤去虫体，滤液在 3kD 分子质量的滞留压力下浓缩。该分泌排泄抗原的蛋白浓度可用分光光度计（在 280nm）估测，用标准牛白蛋白作参比。抗原溶液的浓度以 μg/mL 表示。

　　回收的分泌排泄抗原可短期储存在 -20℃，或在 -70℃ 下长期保存。

【操作步骤】

（1）用 ELISA 包被液（pH 值 9.6 的碳酸盐缓冲液）将旋毛虫抗原稀释至 5μg/mL，每孔加入 100μL，包被 96 孔酶标板，37℃孵育 60min 或置 4℃冰箱过夜。

（2）用 ELISA 洗涤液（PBST）将酶标板洗涤 3 次，每次洗涤后将酶标板晾干。

（3）用 ELISA 洗涤液按比例稀释猪血清，并将 100μL 稀释后的猪血清加到抗原包被孔，每板设已知的阳性和阴性血清对照，置于微量振荡器上 37℃孵育 30min。

（4）按照步骤 2 洗涤 3 次。

（5）将用 ELISA 洗涤液适当稀释的辣根过氧化物酶（HRP）标记兔抗猪 IgG（酶标二抗），每孔加 100μL，置于微量振荡器上 37℃孵育 30min。

（6）按照步骤 2 洗涤 3 次。

（7）加入 100μL 适当稀释的含 0.005% 过氧化氢的酶底物，如二氨基联苯胺（DAB），置室温暗处 5～15min 后，看显色情况。加入 ELISA 终止液（2M H_2SO_4））终止反应，用酶标仪测定酶标板 450nm 波长处的吸光度值（OD_{450nm}）。

【判定标准】

结果必须在反应终止后 1h 内判读。当待检样品的 OD 值达到混合对照阴性血清 OD 值 4 倍或以上时为阳性，达 3 倍为可疑。

第五节　补体结合试验

补体结合试验是在补体参与下，以绵羊红细胞和溶血素作为指示系统，来检测未知的抗原或抗体的血清学试验。该法对颗粒性或可溶性抗原均适用，临诊上常用于检测某些病毒、立克次氏体和寄生虫感染动物血清内的抗体，也可用于某些病原的分型。

整个试验有五种成分参与，分属于 3 个系统：①反应系统，即已知的抗原（或抗体）与待测的抗体（或抗原）；②补体系统；③指示系统，即绵羊红细胞与相应溶血素，试验时常将其预先结合在一起，形成致敏红细胞。反应系统与指示系统争夺补体，因此应先加入反应系统给其以优先结合补体的机会。如果反应系统中存在待测的抗体（或抗原），则抗原抗体发生反应后可结合补体。再加入指示系统时，由于反应液中已没有游离的补体而不出现溶血，是为补体结合试验阳性。如果反应系统中不存在待检的抗体（或抗原），则在液体中仍有游离补体存在，当加入指示系统时会出现溶血，为补体结合试验阴性。因此，补体结合试验可用已知抗原来检测相应抗体，或用已知抗体来检测相应抗原。

现以动物血液原虫病为例，将补体结合试验检测动物血清抗体步骤介绍如下。

【材料准备】

一、抗原的制备

（一）巴贝斯虫抗原的制备

（1）采集受检动物血液，用 EDTA 作抗凝剂。感染动物的采血应在其感染红细胞的比例快速增长，达到寄生虫血症的高峰前进行。

（2）将血液以 1 000 ～ 2 000r/min 转离心 20min，吸出血浆及淡黄色薄膜层，将红细胞再悬浮于 PBS 中（pH 值 7.2）。至少重复 2 次，但如果红细胞因脆性而溶解，只洗一次也可。

（3）将红细胞悬浮于 10 倍体积的预冷蒸馏水中，于 4℃ 裂解。

（4）该裂解产物在 4℃ 放置 30min，然后以 20 000r/min 离心 30min。

（5）弃去上清液。沉淀有 3 层：一层红色凝胶，一层粉红色凝胶，一层浅灰色的纤维状糊。通常，浅灰色层的抗原多于其他层，但在将它们废弃前，要检测其补体结合活性。

（6）将浅灰色糊状物置于组织匀浆器中，加 2 倍量的巴比妥缓冲液（pH 值 7.4），用 2%（w/v）不溶性聚乙烯吡咯烷酮作为冷冻保护剂，进行匀化。

（7）将此悬浮液置于磁力搅拌器上搅拌，定量分装后冻干。抗原用巴比妥缓冲液（pH 值 7.4）稀释至工作浓度，再加入 2%（W/V）不溶性聚乙烯吡咯烷酮作为冷冻保护剂，可在液氮中贮存。

（二）马媾疫锥虫抗原的制备

（1）将活的马媾疫锥虫接种一只大白鼠，在寄生虫血症达最高峰时，采集血液，用肝素抗凝。

（2）取上述血液接种 10～20 只大白鼠，每只腹腔接种 0.3mL，目的在于使所有的大白鼠在同一时间内产生重度感染。通常大白鼠在第三天末到第五天初之间死亡。

（3）从尾部取血做厚涂片，进行显微镜检查，当断定某只大白鼠的寄生虫血症达到最高峰时，采集其血液贮存于柠檬酸钠抗凝剂中，置于 4℃，直至所有的鼠放血完毕。

（4）通过平纹纱布将血液过滤到 10mL 的圆锥形离心管中，1 000r/min 离心 4min，大多数红细胞被沉淀，而锥虫留在悬液中。

（5）将此混浊上清液移入一支干净的管内，混有锥虫的红细胞表层移入第二支管内，下层移入第三支管内，将柠檬酸钠盐水加入第二、第三管内（防止细胞凝聚），混匀，所有的管均以1 500r/min离心5min。

（6）吸弃澄清的上清液，将所有管内上面白色的锥虫层移入一支干净的试管内，紧挨着的粉红色层移入第二支管内，下层移入第三支管内。

（7）加入生理盐水，混匀，再以1 500r/min离心5min，以分离锥虫，重复洗涤，直至收集的锥虫呈纯白色物质，十只大鼠能生产3~5g抗原。

（8）用2倍量巴比妥缓冲液（pH值7.4）稀释浓缩的锥虫，加入2%（w/v）不溶性聚乙烯吡咯烷酮作为冷冻保护制，立即将其分装并冻干。在进行补体结合试验前，须用组织匀浆器将此抗原研磨成均匀一致的悬液。

二、试剂的准备

（一）绵羊红细胞液（3%）

用巴比妥缓冲液（pH值7.4）彻底洗涤细胞（2~3次），每次以1 000r/min离心10min。将沉淀细胞稀释至试验浓度，即3体积压积细胞加97体积的巴比妥缓冲液（pH值7.4）。

（二）兔溶血素血清

按下述方法滴定兔溶血素血清。

（1）用巴比妥缓冲液（pH值7.4）作稀释剂，配制补体溶液，使每25μl含2个补体单位，在微量反应板上每孔加入25μl补体溶液，准备添加各不同稀释度的兔溶血素血清（制备方法见下述第5项）。

（2）每孔再加入50μl巴比妥缓冲液（pH值7.4），使其稀释度与正式补反试验时相同。

（3）按 1 和 2 项步骤重复一次，使成双份。

（4）在 37℃ 孵育 1h。

（5）在孵育期间，将兔溶血素血清作对倍稀释，使其稀释度从 1：50～1：12 800（这些稀释度是任意定的。因为小量的兔溶血素血清即可致敏绵羊红细胞，因此上述各稀释度中的溶血素量已经足够）。

（6）按照上述步骤（一）配制 3% 洗过的绵羊红细胞液。

（7）孵育 50min 后，每一稀释度的兔溶血素血清中加入等量的红细胞悬液，混合均匀。

（8）将该混合液置于 37℃ 孵育 10min，频繁振荡以保持细胞的悬浮状态。

（9）孵育终止后，将各稀释度的兔溶血素血清/红细胞悬液（细胞现在已被致敏）取 50μL，分别加入每个含有补体和巴比妥缓冲液（pH 值 7.4）的孔中。

（10）在微量振荡器上振动，直至反应物混匀，37μL 孵育 30min。

这样当有 2 单位补体存在时，能使 3% 绵羊红细胞液完全溶血的最小兔溶血素血清量即为一个单位，正式试验要求 50μL 溶血系统（溶血素 + 红细胞）含有 2 个单位。

（三）补体

用豚鼠血清作为补体来源，每批补体的效价按以下方法滴定：

（1）用无菌蒸馏水恢复冻干豚鼠血清，用巴比妥缓冲液（pH 值 7.4）将补体原液作（1：10）～（1：200）的系列稀释。

（2）在 U 形微量反应板上，每一稀释度的补体加 4 个孔，每孔 25μL，排出四个重复的系列稀释度。

（3）然后，每孔加 50μL 巴比妥缓冲液（pH 值 7.4）（这是为了补充正式补体结合试验中同量的稀释要素：25μL 抗原和 25μL 试验血清）。

（4）将该系列稀释液置于 37℃ 孵育 1h，以模拟正式补体结合试验的孵育时间。

（5）孵育后，加入 50μL 致敏的 3% 绵羊红细胞悬液（按照上述步骤（二）（6）~（8）的方法制备），在 37℃ 孵育反应板 30min。

（6）取出反应板，随之判定结果。

能引起完全溶血的补体的最小稀释量称为一个单位。试验要求补体稀释为 25μL 含 2 个单位。

（四）抗原

以标准低滴度抗血清的 1∶5 稀释液滴定抗原。

（1）用无菌蒸馏水将冻干抗原恢复至原量，并使其成为均匀的悬液。为此，可将悬液置于组织匀浆器中轻轻研磨。

（2）用巴比妥缓冲液（pH 值 7.4）做稀释剂，将抗原作对倍稀释，使其稀释度从 1∶10 ~ 1∶1 280。

（3）配制标准低滴度抗血清的 1∶5 稀释液，于 58℃ 孵育 30min，以灭活其天然补体。

（4）在 U 形微量反应板的 4 个孔中，每孔加 25μL 上述抗血清。

（5）每孔再加 25μL 的稀释抗原，以便用 1∶5 的抗血清稀释液滴定每一稀释度的抗原。

（6）按以上 3 ~ 5 步骤再重复一次，使成双份。

以下各步骤（即添加补体、设置补体对照、添加溶血系统以及结果判读）可按下述的筛选试验中第 4 ~ 12 项进行，不同的是此处应按 8 个孔添加各成分。

于是：一个单位的抗原即为在 2 单位补体存在时，能产生 50% 结合的稀释抗原量。正式试验时要求抗原稀释至每 25μL 含 2 个单位。

【操作步骤】

以下描述的标准程序适用于对马巴贝斯虫和驽巴贝斯虫所进行的联合试验。

（1）基本稀释液。

①于试管架上放置多支试管；②用巴比妥缓冲液（pH 值 7.4）稀释 100μL 1∶5 的试验血清；③用巴比妥缓冲液（pH 值 7.4）稀释 1∶5 的阳性及阴性对照血清各 100μL；④58℃水浴中孵育 30min，以灭活补体并消除任何抗补体因素。

（2）筛选试验。

①于反应板 4 个孔中每孔加入 25μL 的灭活（56℃ 30min）试验血清；②于反应板 4 个孔中每孔加入 25μL 的灭活（56℃ 30min）对照血清（每种对照血清各加 4 孔）；③再按下法加入 25μL 含 2 个单位的抗原稀释液：在第一、第二、第三孔分别加入马巴贝斯虫抗原、驽巴贝斯虫抗原及正常马红细胞抗原，剩下的一孔是对照血清，只加巴比妥缓冲液（pH 值 7.4），以检测抗补体反应；④每份血清的 4 个孔内均再加入 2 单位补体 25μL；⑤制备补体对照（参照下述的补体滴定对照方法）；⑥于微量振荡器上充分振动反应板，以混匀反应物；⑦37℃水浴中孵育 1h；⑧制备溶血系统：首次孵育 50min 后，将稀释为每 50μL 含 2 个单位的兔溶血素血清与 3% 洗涤过的红细胞悬液等量混合均匀，37℃孵育 10min，致敏绵羊红细胞；⑨孵育后，每个孔中均加入 50μL 溶血系统；⑩在微量振荡器上充分振动，混匀反应物；⑪37℃孵育 30min；⑫判读结果。

下面放置一个荧光光源，从上表面来观察反应板。通过判断未被溶解的红细胞的比例，来估算每个孔内的结合程度（表4-8）。

表4-8　判定结果

未被溶解细胞的比例（%）	结合程度	结果
100	+ + + +	阳性
75	+ + +	阳性
50	+ +	阳性
25	+	可疑
0	-	微量：阴性；完全溶血：阴性

（3）阳性血清的滴定。

对筛选试验中检出的阳性血清，将其作成系列稀释，用2单位抗原进行滴定。规定表现补体50%结合（即+ +反应）的最高稀释度为血清的滴度。

（4）对照。

每批试验设有5种对照。

①阳性对照。在筛选或滴定未知血清时，需用已知滴度的标准阳性血清作为对照。

②阴性对照。以与试验血清完全相同的方法检验一份已知阴性血清。

③血清抗补体对照。这在建立筛选试验时已经体现。在最后一个孔中，加有每份血清的1∶5稀释液，而没有抗原，以检测该血清是否有抗原-抗体复合物以外的其他因素结合补体的能力，即抗补体活性。

④补体滴定对照方法。a. 于第一个孔内加入50μL的补体（稀释至含2单位），其余3孔加25μL缓冲液，从第一孔内取

25μL 补体混入第二孔；b. 继续对其余 2 孔作对倍稀释，由第四孔中吸弃 25μL，使这些孔分别含有 2 单位、1 单位、0.5 单位、0.25 单位的补体，按以上方法在另外 4 个孔中再重复一次，两组每个孔中均加入 50μL 巴比妥缓冲液（pH 值 7.4），孵育 1h；c. 加入 50μL 溶血系统；d. 37℃孵育 30min，判读结果。

两组的补体活性应相同，并具有原始补体 1 个单位可完全溶血的标准。

⑤溶血系统对照。在一个孔内加入 75μL 的巴比妥缓冲液（pH 值 7.4）和 50μL 的溶血系统，在缺少补体时，不出现细胞溶解。

（五）抗补体血清

如发生抗补体现象，则试验结果难以判定。此时，可从以下两个方面作出判断。

（1）如仅表现微量的抗补体反应，可以忽略不计。

（2）对所有其他的抗补体血清，其活性必须重新滴定。做三份同样的系列稀释，在此样品的第一、二排中用巴贝斯虫抗原重新试验，第三排只加缓冲液，供抗补体反应滴定用。如果在第一、第二排中有一排或两排终点反应至少比第三排大 3 个稀释度，则抗补体作用可以忽略不计，可以认为该样品为阳性。假如三排的结果近似，必须要求更换新鲜的血清样品，再行试验。

第六节　间接免疫荧光试验

间接免疫荧光试验是将荧光素与抗 IgG 抗体结合成荧光标记二抗，当固相抗原与待测血清中抗体特异性结合后，再用该荧光标记二抗与之孵育，即形成免疫荧光复合物，在荧光显微镜下观察到荧光即为阳性，若无荧光则为阴性。目前，荧光免疫技术已在许多寄生虫病中得到应用，如血吸虫病、锥虫病、旋毛虫病、弓形虫病、利什曼原虫病等。免疫荧光法可以用已知抗原检测未知抗体，也可以用已知抗体检测未知抗原，此外还有夹层法、抗补体染色法、双重染色、反衬染色等免疫荧光法。

现以羊血清中弓形体 IgG 抗体检测为例，将间接免疫荧光试验检测动物血清抗体介绍如下。

【材料准备】

制备抗原　用小鼠制备弓形虫速殖子。以弓形虫 RH 株（每毫升含 10^7 虫体）腹腔注射 6 ~ 8 周龄弓形虫阴性小鼠，每只 0.2mL；待 3d 后，用 CO_2 吸入法杀死小鼠，无菌抽出所有腹水，置等体积 PBS 中；腹水以 2 000r/min 离心 5min，吸出上清用 Hanks 平衡盐溶液重新悬浮、洗涤，制备成 4×10^7/mL 弓形虫 RH 株的 PBS 悬液，加福尔马林至终浓度为 0.2%（V/V），置 4℃过夜，分装于合适的密封管中，冷冻保存待用。

【操作步骤】

（1）用记号笔或蜡笔于载玻片上画出多个圆圈，将速殖子制备液滴入圈内，使各个抗原位置相互隔离，待其自然干燥。

（2）在每个抗原位置滴加已稀释的血清样本或样本稀释系列液，使样本液充满圈内，并分别做阴性、阳性、PBS 对照，置湿盒 37℃孵育 30min。

（3）用 0.01mol/L PBS 冲洗后再置同样 PBS 液中浸泡 5min，不时摇动，如此 2 遍，然后取出吹干。

（4）在抗原位点滴加经 PBS 适当稀释的羊抗兔 IgG 荧光抗体（每批结合物的工作浓度需经滴定确定），使完全覆盖抗原膜，置湿盒 37℃孵育 30min。

（5）经洗涤（同步骤 3）后用 0.1% 伊文思蓝液复染 10min，然后以 PBS 流水冲洗 0.5 ~ 1min，风干。

（6）滴加甘油水（9份PBS，1份甘油），加上盖玻片，用荧光显微镜检查。

镜检应及时进行，以免荧光衰变。可使用荧光光源或轻便荧光光源，配以适合的激发滤光片和吸收滤光片，在低倍或高倍镜下检查。

【判定标准】

以见有符合被检物形态结构的黄绿色清晰荧光发光体、而阴性对照不可见者为阳性反应。根据荧光亮度及被检物形态轮廓的清晰度把反应强度按5级区别（＋＋＋，＋＋，＋，±，－）。＋以上的荧光强度为阳性。

第七节　免疫染色试验

免疫染色法（Immuno–staining）是应用免疫学基本原理——抗原抗体反应，即抗原与抗体特异性结合的原理，通过化学反应使标记抗体的显色剂（荧光素、酶、金属离子、同位素）显色来确定组织细胞内抗原（虫体、多肽、蛋白质等），对其进行定位、定性及定量的研究。参照标记物的种类可分为免疫荧光法、免疫酶法、免疫铁蛋白法、免疫金法及放射免疫自显影法等。现以弓形虫为例，将间接免疫酶染色法检查组织中的弓形虫介绍如下。

【材料准备】

（1）弓形虫免疫血清的制备。用少量弓形虫抗原皮内注射法制备兔抗弓形虫免疫血清。以琼脂扩散法检测兔免疫血清，其抗体滴度为1∶16即可。

（2）阳性组织材料的获取。人工感染小鼠，每只腹腔接种10^3个弓形虫RH株速殖子。对照组每只小鼠腹腔内注射0.2mL

无菌生理盐水。分别于 5d 后断颈处死小鼠。立即取肝、脾、肺和脑，用 PBS（0.15mol/L）或生理盐水洗净，置于 10% 中性甲醛溶液中固定，制成石蜡包埋块，切片用免疫酶染色后观察。载玻片用蛋白甘油预处理。

【操作步骤】

（1）人工感染和对照组小鼠组织的石蜡切片均按常规脱蜡（经无水乙醇脱水后，切片放入 0.3% 甲醇 – 过氧化氢液）30min。

（2）自来水冲洗，蒸馏水冲洗，PBS 缓冲液（0.05mol/L）三次冲洗液，pH 值 7.6。

冲洗 5 min。

（3）切片表面加正常小牛血清封闭，湿盒内孵育 20～30min。

（4）切片甩干，滴加 1∶100 稀释的兔抗弓形虫血清，每组设阴性血清对照片（用 1∶100 稀释的正常兔血清或 PBS 代替兔免疫血清滴加），置湿盒内 4℃ 过夜。

（5）PBS 洗 2 次，每次 5min；滴加 1∶100 稀释的羊抗兔 IgG – HRP（辣根过氧化物酶标二抗，商品试剂），室温下孵育 1h。

（6）PBS 洗 2 次，每次 5min。

（7）加入 DAB 底物溶液（将 3，3′ – 二氨基联苯胺 50mg 溶解于 100mL 0.05mol/L PBS 中，过滤，使用前加 30% H_2O_2）中显色 5～20min（随温度升高时间缩短）。

（8）蒸馏水洗片刻。

（9）苏木素复染。

（10）梯度乙醇脱水，切片经二甲苯透明 2 次。

（11）封片镜检。

【判定标准】

组织切片可见棕黄色的虫体着色即为阳性。阳性组织中虫体表膜着色深，胞质区着色较浅。虫体呈月牙形、圆形或椭圆形，虫体单个或堆积存在。试验对照鼠组织切片和阴性兔血清或 PBS 对照片均不显示棕黄色着色。

（骆学农、温峰琴）

附录 I　常用设备和仪器

主要介绍了有关畜禽寄生虫检验所需的主要设备和仪器。

（一）显微镜

显微镜是实验室内的必备仪器，在使用时应细心使用，防止损坏。一架普通的光学显微镜有 2 ~ 3 个目镜，上面注有放大倍数，如 10 × 、15 × 、40 × 等。物镜有 3 ~ 4 个，分别装置在回转板上，每个物镜也都注有放大倍数，如 4 × 、10 × 、40 × 、100 × 等。在计算放大倍数时，只需将目镜和物镜上的放大倍数相乘即得，如目镜 10 × ，物镜 40 × ，则标本放大倍数为 10 × 40，即等于放大 400 倍。

一般而言，标本放大约 40 倍或 60 倍就够用。因此，通常应使用 4 × 或 10 × 的物镜，而目镜最好是 6 倍。虽然在对蠕虫卵计数时用 10 倍目镜可以得到良好效果，但在检查第三期幼虫时，10 倍目镜不能提供满意的镜下图像，这在很大程度上依赖于兽医专业人员的经验去进行幼虫的鉴定。

普通光学显微镜由机械部分、光学部分和照明 3 部分组成。显微镜的构造并不重要，可是镜头必须能满足工作的需要，必须使目镜和物镜恰当组合。值得提醒的是，检查腐蚀性盐类材料通常是使用光学显微镜，因此应采取适当的保护措施避免材料溢出。为此，可用一薄的透明塑料或保鲜膜罩在镜台上，保护镜台下的聚光器。

【使用方法】

（1）移动显微镜时，右手握紧镜臂，左手托住镜座，轻轻放在实验台上。将显微镜置于操作者前方略偏左侧，旋转粗调节器，使物镜与载物台距离略拉开。再旋转物镜转换器，将低倍镜对准载物台中央的通光孔。

（2）用低倍镜对光。将标本放在载物台上，用弹簧夹夹好，打开光圈，上升聚光器，调节反光镜；如光源为自然光源，应用平面反光镜，如为人工光源则用凹面镜。双眼向目镜内观察，直到视野内光线明亮均匀为止。

（3）在低倍镜下找到清晰物象后，将待观察目标移至视野中央，转换高倍镜，开大光圈，小心旋转细调节器，至物象清晰。

（4）使用油镜时，同样将待观察的目标移至视野中央，将高倍镜移开，在标本片上加一滴镜油，以肉眼从侧面观察，使油镜头浸入油滴中，此时光线宜强，须将光圈全部打开，升高聚光器。慢慢旋转细调节器，直至物象清晰。

（5）油镜使用完毕，下降载物台，把油物镜头移开，取下标本，用擦镜纸滴上二甲苯，拭去镜头上的香柏油，再用干的擦镜纸拭去镜头上剩余的二甲苯。

【注意事项】

（1）粗细调节器要配合使用，细调节器是显微镜最精细脆弱的机械部分，旋转一圈才使筒镜上升或下降 0.1mm，因此只能做往复的转动，不能单方向过度旋转。

（2）使用显微镜时须调节聚光器和光圈，以取得适当的亮度，观察颜色较浅或无色的标本时，光线宜弱，此时可将聚光器降低，光圈缩小；观察颜色较深或染色的标本时，光线宜强。

（3）观察带有液体的标本时要加盖玻片，避免液体污染物镜头。并注意不能将物镜头压到盖片上，以免压碎标本、损坏镜头。

（4）显微镜的光学部件不可用手指、纱布等粗糙物擦拭，只能用擦镜纸擦拭。

（5）凡具有腐蚀性和挥发性的化学试剂和药品，如酸、碱类，碘、乙醇等都不可与显微镜头接触，如有不慎接触时，应立即擦拭干净。

（6）油镜使用完毕，下降载物台，把油物镜头移开，取下标本，把镜头和标本片擦净。

（二）测微器

各种虫卵、幼虫或成虫常有恒定的大小，可作为确定虫卵或幼虫种类的依据。通常采用测微技术（测微器）测量寄生虫及其虫卵、幼虫的大小。在显微镜下测量寄生虫卵和原虫的大小均要使用测微器，测量单位为微米（$1\mu m = 1/1\ 000\ mm$）。可用目镜测微器测量，但须先用镜台测微器校正后使用。

【使用方法】

（1）显微测微器主要包括目镜测微器和镜台测微器。目镜测微器是一直径为 20mm 圆形玻璃片，在一定的长度内，刻出100 个小格。镜台测微器是一张特制的载玻片，其上面刻有直线刻度。一种是将 1mm 或 2mm 划分为 100 或 200 个小格，每小格为 $10\mu m$（$0.01mm$）；另一种是将 2mm 划分为 20 小格，每格为 $100\mu m$（$0.1mm$），在 2mm 的一端另将 0.2mm 划分为 20 小格，每小格 10μ（$0.01mm$），其总长度为 2.2mm。

（2）记录所用显微镜的牌号、目镜与物镜的倍数。用目镜测微器测得物镜测微器的格数。此时即可确定在固定的物镜、目镜和镜筒长度的条件下，目镜测微器每格所表示的长度。

（3）使用时将目镜测微器装在接目镜光阑上，以正面数字放置（有刻度的一面朝下），再装上接目镜的镜片。

（4）目镜测微器的标定方法是：将镜台测微器夹于载物台上，调焦，直至看清镜台测微器的刻度。转动目镜，使目镜测微器左端的刻线与镜台测微器左端的刻线直线重叠，然后从左到右找出两个测微器的另一重叠线。

测算方法是：将目镜微尺和镜台测微器的零点对齐，再寻找目镜测微器和镜台测微器上较远端的另一重合线，算出目镜测微器的若干格相当于镜台测微器的若干格，从而计算出目镜测微器上每格的长度。例如，在用 10 倍目镜、40 倍物镜、镜筒不抽出的情况下，目镜测微器的 30 格相当于镜台测微器的 9 格（即 90μm），即可算出目镜测微器的每格长度为：$90μm/30 = 3μm$。

（5）分别记录两条重线之间的格数，求出目镜测微器每小格的格值（例如：目镜测微器 52 小格为 700μm，则目镜测微器每小格格值为 $700μ ÷ 52 = 13.45μm$）。为减少测量误差，对目镜测微器的格值应测量三次，求其平均值。

（6）在测量具体虫卵时，将镜台测微器移去，只用目镜测微器量度。如果得其虫卵的长度为 24 格，则其具体长度为 $3μm × 24 = 72μm$。需要注意的是，以上算得的目镜测微器的换算长度只适用于一定的显微镜、一定的目镜、一定的物镜等条件，更换其中任一因素，必须重新测算。在测量弯曲的虫体时，可通过转动目镜进行分段测量，之后相加即可。

（三）解剖显微镜

最好是使用镜台下部能透光，并连接有能全面检查直径 88mm 培养皿的大镜台显微镜。

放大约 12 倍、17 倍和 25 倍就已足够。有人建议将 1.25 倍或 2.5 倍的物镜与 10 倍的目镜配合使用。但有人认为检查液体材料时，除 1.25 倍的物镜配合 14 倍的目镜外，应用放大倍数较高的目镜不能令人满意。带有调节放大倍数附件的解剖显微镜检查液体材料极为适用。

（四）虫卵计数板

毫无疑问，虫卵计数板是测定粪便线虫卵计数法中的一种最常用设备。通常使用的是麦克马斯特计数板（附录I图1），其每一个计数室蚀刻区（1cm×1cm，深0.15cm）下的液体容量是0.15mL，两个蚀刻区的总体积就是0.3mL。如果购买有困难，可参照图示在当地制造。即在较狭的载玻片上蚀刻边长为1cm的方格，每个方格内再刻5条线将其分为6部分（刻线越细越好，方格内刻线尽量等距），两载玻片之间垫以0.15cm厚的玻璃小条（两侧稍宽，中间稍窄，能将两个蚀刻的方格隔开即可）。

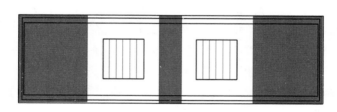

上：上视图

下：侧视图

附录 I 图 1　麦克马斯特虫卵计数板

根据粪便的稀释度和检测的精确面积，采用任何一种方法乘以不同的系数均能测定虫卵的数目。因为画线的格子和每一个小室的精确尺寸都是已知的，所以计算一个格子，两个格子，一个小室或总面积（两个小室）内的虫卵数都可以。例如：粪便的稀释度是 1∶10，检测两个小室（总容量 1mL）就需要乘以系数 10；检测一个小室，系数则为 20。同样，由于一个格子的容积是 0.15mL，根据所检查的格子数，需要乘以 15 或 30 的系数。

操作时，用巴斯德吸管将待检的粪便悬液滴入每个计数室中，直到充满为止，然后检测所选定的面积，对所有看到的虫卵都进行计数。虫卵紧靠小室上面的玻璃下漂浮，废渣则下沉到小室的底部，因此虫卵十分清晰，废渣则很模糊。

（五）贝尔曼装置

这种装置适用于从粪便、粪便培养物或组织中回收活的蠕虫幼虫。它由一个蒸馏瓶架支撑一个大漏斗而构成。漏斗柄上装有一小段用弹簧夹密闭的胶管。漏斗中盛水，并放有 100 目的筛网（孔径 0.150mm），水位高出筛网 25mm 左右。应注意避免空气阻塞网眼，最好是将筛网以近似 45° 角放入漏斗，以便将平放时可能产生的空气排出。筛网事先被水浸湿时，则网眼会为一层连续不断的不漏气水膜所覆盖。为了避免筛网下面藏有大的气泡，可采用如下的步骤将其放入水中：

在筛网的一边使用吸水纸或者朝着网纱猛烈吹气，将不漏气的水膜破坏。然后，使水膜破坏的部分最后进入水中，以便空气从此处逸出。至此，这一仪器已准备完毕，可供使用。将要提取蠕虫幼虫的材料放入筛网，幼虫借助本身的活动，自己游离出来，通过筛网向下游走，最后聚集在漏斗柄内，松开弹簧夹，就可由胶管中将幼虫收集（附录Ⅰ图2）。

（六）筛网

常用筛网的网孔大小为 50 目（孔径 0.30mm）、100 目（0.150mm）、200 目（0.074mm）及 400 目（0.038mm），最好

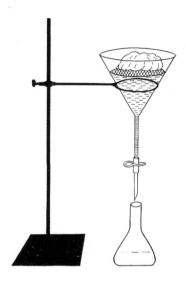

附录 I 图 2　贝尔曼装置

用不锈钢筛网,因为铜网不牢固。青铜筛网对大多数实验都很适用。可使用 50mm 和 100mm 两种深度的筛网,网框的直径均为 200mm。要截留未成熟的蠕虫、第三期幼虫及蠕虫卵,最好用 400 目(0.038mm)的筛网(附录 I 表 1)。

附录 I 表 1　筛网标准筛目数与孔径对照

孔径(mm)	标准筛目数(目)
2.500	8
1.600	12
1.250	16
0.900	20
0.600	30
0.450	40

（续表）

孔径（mm）	标准筛目数（目）
0.355	50
0.300	60
0.150	100
0.100	150
0.088	180
0.074	200
0.057	260
0.050	300
0.045	325
0.038	400

用于筛滤大量液体的一些方法，最好选择比较深的筛网。可以制造代用品，也可以购买各种网孔的滤绸代替金属丝筛网。为了便于在当地制造，提供简图如附录Ⅰ图3所示。

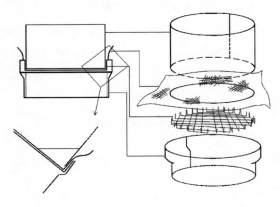

附录Ⅰ图3　筛网

（项海涛、骆学农）

附录Ⅱ 常用染液、试剂

1. 吉姆萨染液

吉姆萨染色粉	0.5g
中性纯甘油	25mL
无水中性甲醇	25mL

【配法】先将吉姆萨染色粉置于研钵中，不断添加甘油充分研磨，直到甘油全部加完为止。将其倒入 60～100mL 的棕色试剂瓶中，在研钵中加少量甲醇以冲洗甘油染液，冲洗液仍倾入上述瓶中，多次冲洗，直至 25mL 甲醇全部用完为止。塞紧瓶塞，充分摇匀，而后将瓶置于 65℃温箱中 24h 或室温条件下 3～5d，期间不时摇动，此液即为原液。

【用法】染色时，将原液 2.0mL 加到 100mL 中性蒸馏水中，即为染液。染液加于血膜上染色 30min，后用水洗 2～3min，晾干，镜检。

2. 瑞氏染色液

瑞氏染色粉	0.2g
无水中性甲醇	100mL

【配法】取瑞氏染色粉 0.2g，置棕色小口试剂瓶中，加入无水中性甲醇 100mL，加塞，置于室温条件下，每日摇 4～5min，

一周后可用。如需急用，可将染色粉0.2g，置于研钵中，加中性甘油3.0mL，充分研磨均匀，然后以100mL甲醇，分次冲洗研钵，冲洗液均倒入瓶内，摇匀即可。新鲜配制的染液偏碱性，放置后呈酸性，染液贮存愈久染色愈好。

瑞氏染色粉可以自制。在100mL 0.5%碳酸氢钠水溶液里加入1g美蓝，溶解后放于锅内，蒸煮1h，取出冷却后过滤。在滤液里加入0.1%伊红水溶液500mL，边加边搅拌，使混合液呈紫色。静置过夜后，用滤纸过滤。滤纸上的沉淀物，在室内自然风干或放于干燥箱内，充分干燥后研磨成粉末，即成瑞氏染色粉。

【用法】本法染色时，血片不必预先固定，可将染液5~8滴直接加到未固定的血膜上，静置2min（此时作用是固定），而后加等量蒸馏水于染液上，摇匀，过3~5min（此时作用是染色），流水冲洗，晾干，镜检。这种染液除能染血液，还能染疟原虫。

3. 革兰氏染液

4种液体的配方如下：

甲液

（1）溶液Ⅰ

| 结晶紫 | 2g |
| 95%酒精 | 20mL |

（2）溶液Ⅱ

| 草酸铵 | 0.8g |
| 蒸馏水 | 80mL |

【配法】使用前将溶液Ⅰ和溶液Ⅱ混匀，静置24h后过滤即成。此液不易保存，如有沉淀出现，需重新配制。

乙液

碘	1g
碘化钾	2g
蒸馏水	300mL

【配法】将碘化钾溶于少量蒸馏水中，然后加入碘，待碘全部溶解后，加水稀释至 300mL，即成。配成后贮于棕色瓶内备用。

丙液

| 95% 乙醇溶液 | 若干 |

丁液

| 番红 O（又称沙黄 O） | 2.5g |
| 95% 乙醇 | 100mL |

【配法】溶解后贮存于密闭的棕色瓶中，用时取 20mL 与 80mL 蒸馏水混匀即得丁液。

【用法】用此液染色应先用甲液染色，再加乙液固定，用丙液处理，最后用丁液复染。

（4）Ehrlich 苏木精染色液

苏木精	2g
无水乙醇	100mL
蒸馏水	100mL
冰醋酸	10mL
甘油	100mL
硫酸铝钾（钾矾）	10g

【配法】先将苏木精溶于 25mL 酒精，再加甘油和醋酸。然

后将其余 75mL 酒精加入。将硫酸铝钾溶于蒸馏水中，加热使其溶化，然后慢慢加入苏木精液中，随加随搅，混合且充分搅拌均匀后，应放在有光和通风处四个星期使其慢慢氧化，成熟后为深红色，即可使用。这种自然氧化成熟的苏木精，可长期使用，不会变质。但染色时间较长，需要 20min 以上。

【用法】临用前，将 1 份贮存液以 3 份 45% 醋酸稀释。此染液可保存 6 个月左右。

5. Delafield 苏木素染色液

铵明钒	20g
苏木精	1g
无水乙醇	10mL
甘油	25mL
甲醇	25mL
蒸馏水	100mL

【配法】首先，取 20g 铵明钒溶于 100mL 蒸馏水中制成铵明矾饱和液；而后，取 1g 苏木精溶于 10mL 无水乙醇制成苏木精－酒精溶液。将苏木精－酒精溶液逐滴加入铵明矾饱和液中，然后倒入一不盖紧盖的容器内，置于光照充分且空气流通处，经 3~4d 使其充分氧化，过滤后加入 25mL 甘油和 25mL 甲醇，静置 4~5h。随后再次过滤，装入无色广口玻璃瓶内，放置 1~2 个月，直至液体成熟而呈暗红色时方可使用。本染液在未成熟时玻璃瓶可不加盖，但瓶口须以纱布包裹，以防灰尘落入。成熟以后，应将染液装入有色的细口玻璃瓶内，瓶口须封严，可保存数年之久。

【用法】临用时，将 3 滴原液以 25mL 蒸馏水稀释。染色时因材料而异，通常为 10min~1h。适宜于过染。

6. 梅耶氏副洋红染液

洋红酸	10g
氯化铝	0.5g
氯化钙	4g
70%乙醇	100mL

【配法】试剂混合后，以水浴为其微微加热，直至三种固体药品完全溶解于酒精中，冷却后过滤。用时以5倍的70%乙醇稀释，并在每100mL稀释液内加醋酸2滴。

【用法】整体的浸染时因材料大小而不同，小型材料24～48h，大型材料8～14d。染色完成后，以70%乙醇冲洗24～48h。若材料过染，可用醋酸酒精分色。切片自蒸馏水或70%乙醇取出后，浸染本染液稀释液内15～30min，随即以70%乙醇冲洗。若过染，也可用醋酸酒精分色。

醋酸酒精配方如下：

70%乙醇	100mL
冰醋酸	2.5mL

7. 明矾－洋红染液

铵明矾（硫酸铝铵）	5g
洋红	0.5g
蒸馏水	95mL

【配法】取铵明矾（硫酸铝铵）5g，溶于95mL蒸馏水中，再加入0.5g洋红，加热溶解，冷却后过滤。在滤液中加入少量防腐剂，如麝香草酚、樟脑粉、水杨酸钠、苯酚（石炭酸）等，

以防生霉。

【用法】这种染液适合于染小型动物材料，如吸虫等寄生虫。整体浸染 24 ~ 30h，浸染完毕，材料以蒸馏水冲洗 15 ~ 20min。切片一般仅需 10 ~ 15min。

8. 硼砂 – 洋红染液

硼砂	4g
洋红	2g
蒸馏水	100mL
70% 酒精	100mL

【配法】将硼砂和洋红一起放入研钵内研磨，越细越好，而后将其投入 96mL 蒸馏水中煮沸，直至完全溶解，静置冷却后，加入 100mL 70% 酒精，放置 24h 后过滤即得。

【用法】材料脱水后即可移入本染色液。染色时间一般为 1 ~ 3d。原生动物 2 ~ 24h。染色后材料可不必用水清洗，直接移入盐酸酒精内分色。

盐酸酒精配方如下：

70% 乙醇	100mL
盐酸	0.25mL

9. Gemori 三色染色液

变色酸 2R	0.6g
固绿	0.3g
磷钨酸	0.7g
冰醋酸	1mL

蒸馏水	100mL

【配法】先配好 1% 的冰醋酸溶液后分别溶解磷钨酸、变色酸及固绿。

【用法】临用前，将 1 份贮存液用 20 份 45% 醋酸稀释；稀释液不能完好保存，每次应临时配制。

（10）美蓝（亚甲基蓝）染液

美蓝	0.5g
95% 酒精	30mL
0.01% 氢氧化钾溶液	100mL

【配法】取 0.5g 美蓝，溶于 30mL 95% 酒精中，加 100mL 0.01% 氢氧化钾溶液，保存在棕色瓶内。

【用法】此溶液能染细胞核，还用来染细菌、血和神经组织等。

11. Bouin 固定液

苦味酸饱和水溶液	75mL
甲醛	2mL
冰醋酸	5mL

【配法】本液在使用前配制。将 1.5g 苦味酸固体溶解在 100mL 蒸馏水中即得苦味酸饱和液。取其中的 75mL 与 2mL 甲醛、5mL 冰醋酸混匀即得固定液。

【用法】一般材料固定 24 ~ 48h，小块材料固定 4 ~ 16h，动物材料能在这种固定液中长期保存。用 Bouin 固定液固定后，材料可稍微流水冲洗或不冲洗直接用 70% 乙醇冲洗净苦味酸，到无黄色为止（用乙醇冲洗时，加几滴氨水，可加快除去黄色）。

12. 卡诺伊（Carnoy）固定液

乙醇	60mL
氯仿	30mL
冰醋酸	10mL

【配法】此液体须临用前配制，不能久存。

【用法】小型材料固定 0.5 ~ 1h，大型材料需延长固定时间，但不应超过 3h，否则材料收缩变硬。固定完以后，材料以无水乙醇冲洗。

13. Kahle 固定液

95% 酒精	100mL
冰醋酸	7mL
甲醛	40mL
蒸馏水	200mL

【配法】此液体须临用前配制，不能久存。

【用法】固定时间一般为 12 ~ 24d。固定完以后，材料不必冲洗，先移入 50% 乙醇中，再换 80% 乙醇。

14. FAA 固定液（又称万能固定剂）

福尔马林（38% 甲醛）	5mL
冰乙酸	5mL
70% 酒精	90mL
甘油（丙三醇）	5mL

15. 硼酸盐 – 林格氏液

溶液 A、金属氯化物

NaCl	9.0g/升	100 份
KCl	11.48g/升	4 份
$MgCl_2 \cdot 6H_2O$	22.37g/升	3 份
$CaCl_2 \cdot 6H_2O$	24.10g/升	1 份

溶液 B、硼酸盐缓冲液

$Na_2B_4O_7 \cdot 10H_2O$	41.96g/升	2.31 份
H_3BO_3	19.17g/升	7.69 份

【配法】为了方便起见，可将溶液 A 按 18mL 的量分装于普通容器内，溶液 B 按 2mL 的量分装于小瓶中。在 126℃下高压 20min。

【用法】贮藏于冰箱内，用前临时将每种溶液取出一瓶混合（pH 值 8.0）。

16. 阿氏液

葡萄糖	2.05g
柠檬酸钠	0.8g
氯化钠	0.42g
蒸馏水	100mL

【配法】溶解后，以 10% 柠檬酸调节 pH 值至 6.1，过滤，分装，10 磅 10min 灭菌，4℃保存。

【用法】此液体主要用作红细胞保存液。

17. 碘液

碘片	2.0g
碘化钾	4.0g

蒸馏水	100mL

【配法】将碘化钾溶于少量蒸馏水中，然后加入碘，待碘全部溶解后，加水稀释至 300mL，即成。配成后贮于棕色瓶内备用。

【用法】此液体主要用于杀死线虫的幼虫。

18. 显微镜镜头清洁剂

乙醚	7 份
乙醇	3 份

【用法】此液体主要用作擦拭显微镜镜头上油迹和污垢等（注意瓶口必须塞紧，以免挥发）。

19. 碘酒

碘片	2.0g
碘化钾	1.5g
75% 乙醇	100mL

【配法】取碘 2g 和 KI 1.5g，先加入少量的 75% 乙醇搅拌，待溶解后再用 75% 乙醇稀释至 100mL。

20. 树胶封固剂

加拿大树胶（块）	适量
二甲苯/正丁醇	少许

【配法】将固体的加拿大树胶块，溶解于二甲苯或正丁醇中，浓度要适当（注意绝对不能混入水或酒精）。

【用法】此液体主要用作玻片标本的封固剂。

21. 不同浓度的酒精

由于无水乙醇价格较高，故常用95%的酒精配制（附录Ⅱ表）。

附录Ⅱ表　酒精浓度配制方法

最终酒精浓度	95%酒精用量	蒸馏水量
85%	85mL	10mL
70%	70mL	25mL
50%	50mL	45mL
30%	30mL	65mL

（项海涛、温峰琴）

参考文献

孔繁瑶 . 2010. 家畜寄生虫学（第二版修订版）［M］. 北京：中国农业大学出版社 .

宋铭忻，张龙现 . 2009. 兽医寄生虫学［M］. 北京：科学出版社 .

项光华，等译 . 1991. 兽医寄生虫实验室技术手册［M］. 兰州：甘肃民族出版社 .

板垣四郎，久米清治 . 1959. 家畜寄生虫病学［M］. 东京：朝仓书店株式会社 .